本书编委会

主　　编　唐宗英　林向群

副 主 编　盛家舒　王博轶

编　　写　陶仕珍　张静美　高永茜　邹秀芬

世行项目建设教材

森林植物实训教材

主　编　唐宗英　林向群

云南出版集团
云南人民出版社

图书在版编目（CIP）数据

森林植物实训教材 / 唐宗英, 林向群著. -- 昆明 : 云南人民出版社, 2016.12
ISBN 978-7-222-15537-4

Ⅰ. ①森… Ⅱ. ①唐… ②林… Ⅲ. ①森林植物—植物学—教材 Ⅳ. ①Q948.521②S718.3

中国版本图书馆CIP数据核字(2016)第312417号

责任编辑： 陈　晨
装帧设计： 石　斌
责任校对： 王小莉　张建龙
责任印制： 杨　立

森林植物实训教材
主编　唐宗英　林向群

出版　云南出版集团　云南人民出版社
发行　云南人民出版社
社址　昆明市环城西路609号
邮编　650034
网址　http://ynpress.yunshow.com
E-mail　ynrms@sina.com
开本　889×1194　1/32
印张　7.125
字数　150千
版次　2016年12月第1版第1次印刷
印刷　昆明卓林包装印刷有限公司
书号　ISBN 978-7-222-15537-4
定价　34.00元

云南人民出版社公众微信号
如有图书质量及相关问题请与我社联系
审校部电话：0871-64164626
印制科电话：0871-64191534

前　言

“森林植物”是林业技术专业群的平台课程，为林业技术专业群后续的专业能力课程奠定基础。本教材是与国家职业教育“十二五”规划教材《森林植物》（何国生主编，中国林业出版社 2014 年版）配套使用的一本实践性和区域性较强的教材。教材内容以林业技术专业群所覆盖的岗位群所必需的对植物形态、植物的生理知识的认知和植物观察识别为主线，综合考虑可利用的教学资源、相关专业的核心能力课程，找准对专业群必须提供的支撑点，进而确定课程的学习领域，以及学生的就业现状进行实践教学改革而编写。

本教材以形态结构、生理知识的认知和观察识别植物构建教学内容，每个教学任务支撑专业群相应岗位的某一知识点或技能点，按照植物的内部结构、外在形态特征实施任务教学，并将学生学习的新技能、新知识隐含在学习任务中，以完成任务过程为教学活动中心，从任务实施过程中培养学生发现问题、提出问题、归纳分析问题、解决问题的能力。同时通过实践课程教学环节培养学生的分工合作、沟通交流、动手动脑、诚实守信、积极进取、吃苦耐劳等的相关职业能力和职业素养，从而提高学生就业的适应能力、实际应用能力。

本教材内容包括三个项目，其中项目一：植物形态与结构的认知，包括 16 个教学任务；项目二：植物生理知识的认知，包括

6 个教学任务；项目三：植物的识别与应用，包括 12 个教学任务。教材在编写时，每一个任务目标明确，操作步骤详细，注意事项，考核评价标准及评价主体明确。同时把知识、能力、素质（情感）三方面融入任务考核评价中，真正体现了现代职业教育的开放性、实践性、职业性理念。本教材运用时，具体任务内容的安排，可根据地区特点和学情进行教学设计，结合所在地的资源及气候实际情况加以灵活选择并组织开展实施。

本教材适用性强，除了和教材配套使用外，还适用于林业技术培训用书，林业从业人员的专业学习指导用书等。

由于编者水平所限，书中错误和欠妥之处在所难免，恳请有关专家、老师和同行指正。

目 录

项目一　植物形态与结构的认知

项目二　植物生理知识的认知

项目一
植物形态与结构的认知

任务一　使用显微镜及观察植物细胞基本结构

一、任务目标

知道光学显微镜的基本构造、各部分性能及其使用方法。学会正确熟练地使用显微镜观察植物的材料，会对显微镜进行保养。掌握植物细胞的基本结构，学会临时装片及生物绘图。认同显微镜的规范操作方法，爱护显微镜，养成良好的实验意识、习惯和科学、客观、严谨、分析能力及团结协作。

二、完成形式

以小组为单位，在教师的指导下独立操作显微镜、切片、观察植物材料，并绘图。

三、备品与材料

1. 仪器设备：显微镜每人一台。

2. 材料与工具统计表。

序号	名　称	型号或规格	数量
1	纱布、吸水纸、擦镜纸		若干
2	任意一种植物切片、载玻片、盖玻片		各1片
3	蒸馏水、碘液		各1瓶
4	镊子、解剖针、解剖刀		各1把
5	培养皿		1个
6	洋葱头		1个

四、任务实施

（一）认知显微镜

1. 显微镜的基本结构。

通常使用的生物显微镜的结构可以分成光学部分和机械部分。

光学部分：目镜、物镜、聚光器、光源

机械部分：底座、镜臂、瞳距调整器、镜头转换器、载物台、片夹、标尺、粗螺旋、细螺旋

（图 1—1）

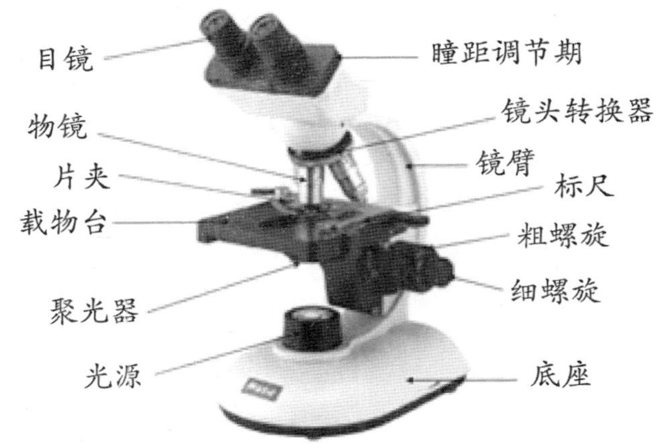

图 1—1　显微镜的结构图

（1）目镜：装配于镜筒的上端，镜头上标明了放大倍数，通常有 5 倍（5×）、10 倍（10×）、16 倍（16×）等几种类型。

（2）物镜：通常装有 3 个物镜，放大倍数从最短到最长依次为 10 倍、40 倍、100 倍。10 倍的习惯上称为低倍镜，40 倍的称为高倍镜，100 倍的称为油镜。后者必须在以专门配备的镜头油为媒介时才能使用。

（3）光源：在显微镜最底部。

（4）镜头转换器：其上装有接物镜。可以旋转，以调换物镜，改变放大倍数。

（5）载物台：安置被观察的切片，其中央部分留有透光孔，上面有玻片夹，用以夹紧载玻片。利用调节螺杆可以使玻片在载物台上作前后左右的回转移动，对找寻目的物和观察定位等工作有相当的帮助。调节螺杆上附有移动标尺作为测量标本大小之用。

（6）调节螺旋：位于镜臂的下端两侧，用以调节载物台的升、降，从而调节焦距。

（二）使用显微镜

1. 取镜和放镜。

拿取显微镜时，必须右手紧握镜臂，左手托住镜座，使镜体保持直立。放置显微镜时动作要轻，避免震荡。放在自己座位左侧，离桌子边缘约 6~8cm 的距离。

2. 对光。

先将低倍镜转到载物台中央，正对通光孔。用左眼接近目镜观察，同时用手调节反光镜和遮光器，使镜内亮度适宜。镜内所看到的范围叫视野。

3. 放片。

对好光后，首先上升镜筒（或下降载物台），使低倍镜的镜头与载物台的距离达到约 2cm，然后将已制好的载玻片放于载物台上，标本部分移至透光孔的正中央，用玻片夹固定好切片。

4. 对焦观察。

先用低倍物镜，转动粗准焦螺旋，使镜筒缓缓下降，用左眼从目镜向内观察，转动准焦螺旋直至看到物像为止，再转动细准焦螺旋，将物像调至最清晰。在低倍物镜观察后，如果需要进一步使用高倍物镜观察，先将要放大的部位移到视野中央，再把高倍物镜转至载物台中央，对正通光孔，一般可粗略看到物像，然后再用细准焦螺旋调至物像最清晰。

5. 还镜。

使用完毕后，应先将物镜移开，再取下切片。将显微镜擦拭干净，使低倍物镜转至中央通光孔，下降镜筒，使物镜接近载物台，反光镜转直，各部分恢复原位之后，放回箱内并上锁。

（三）保养显微镜

1. 随时保持清洁，勿染尘埃；观察临时装片时，一定要将盖玻片四周溢出的水或其他液体用吸水纸吸干净，以免污染镜头。已被污染的镜头用擦镜纸擦拭。

2. 显微镜是精密仪器，使用时一定要严格遵守操作规则，不得随意拆修。

（四）观察植物细胞

取洋葱鳞叶表皮细胞进行观察。

1. 制作临时装片。

（1）清洁载玻片：用干净的纱布清洁载玻片。

（2）用吸管滴一滴水于载玻片中央。

（3）用刀片在洋葱鳞叶的内表面轻轻划 3~5cm “井”字，用镊子撕取一小块表皮（大小 0.5cm 左右）放在水滴的中央并用镊子展平。

（4）用镊子夹住盖玻片，一侧接触水滴，倾斜慢慢盖在标本上防止气泡产生。

（5）染色：将碘液滴在盖玻片的一侧，用吸水纸在另一侧吸引，使碘液浸润标本，重复 1~2 次。

2. 观察植物细胞。

先将制好的临时表皮制片放在低倍镜下观察，可见洋葱表皮细胞形象砖状，排列紧密，无任何细胞间隙。移动装片，选择几个比较清楚的细胞置于视野的中央，换高倍物镜仔细观察一个典型植物细胞的构造。识别下列各部分：

（1）细胞壁：为植物细胞所特有，包在细胞的原生质体外面，比较透明，因此只能看见细胞的侧壁，初看时，好像两个相邻细胞只有一层壁，但是调节细准焦螺旋和虹彩光圈时，就能发现这层细胞壁实际上是三层，即两侧为相邻两个细胞的细胞壁，中间是粘在两个细胞的胞间层。壁上具有单纹孔。

（2）细胞质：为无色透明的胶状物，紧站在细胞壁以内，被液泡挤成一薄层，仅细胞的两端较明显，在光线合适时可以看见紧靠壁的呈无色粒状的细胞质，有时是呈带状的穿插于细胞腔内。

（3）细胞核：为扁圆形的小球体，由更为浓稠的原生质组成。总是沉没在细胞质中，如果有中央大液泡，它总是和细胞质一起紧贴着细胞壁。有的只能看到其窄面，有的则可看到宽面，此时可清楚地看到其内有 1~2 个核仁。调节准焦螺旋（特别是在高倍镜下）就可以分得出细胞核的球形结构和细胞的主体形态。

（4）液泡：有 1 个或几个，位于细胞的中央，里面流满细胞液，比细胞质透明，当细胞液中溶解有色素（花青素）时更容易被观察到。

（五）生物绘图

绘制一个洋葱表皮细胞结构简图。

1. 生物绘图是实验的重要内容之一，绘图要注意科学性和准确性，选材应典型，并加文字记载。生物绘图要求将标本的外形和内部结构准确地记录下来，然后详加说明，要求形象自然，比例适当，线条清晰。

2. 在图纸上安排好各图的位置、比例及标注。实验序号、题目写在报告纸的上方。图的名称及材料写在图的下方。注字要求一律在右边拉平行线用铅笔注明。

3. 绘图时要双眼睁开看显微镜内的物像，用左眼看物镜内的物像，右眼看绘图纸来画图。

4. 绘图，用2H铅笔先用轻淡上点，或轻线条勾出图形结构的轮廓。再依照轮廓一笔画出与物像相符的线条。图中较暗的地方，用铅笔点上细点来表示，越暗的地方，细点越多，不能以涂阴影表示暗处。线条粗细要均匀，光滑清晰，比例要正确。整个图要美观、整洁，特别注意其准确性与科学性。

五、注意事项

1. 使用显微镜。

使用显微镜时必须严格按操作规程进行。禁止随意拆卸调换显微镜镜头或其他零部件。

2. 观察植物细胞。

（1）将洋葱表皮放到载玻片上时，表皮外面朝上，以防翻卷。

（2）盖玻片时，要用镊子夹住盖玻片，使盖玻片从水滴一侧先触水滴，同时用针顶住慢慢放下，防止气泡产生。

六、记录实验结果

根据自己的观察结果，选择其中一个细胞，绘制细胞结构简图，并注明细胞壁、细胞质和细胞核。要求图形要能够反映观察材料的形态、结构特征，注意绘图比例适当，线条粗细均匀，图面清晰。

七、任务评价

1. 使用显微镜。

序号	考核内容	考核时间	分值	评分标准	考核方法
1	取镜和放镜	15分钟	5	取镜和放镜时，只用单手取放扣2分；双手取放，但手握的地方不正确，扣2分；放置时，有震荡，扣1分。	单人考核
2	对光		5	低倍镜未对准通光孔，扣2分；左右眼观察目镜不准确，扣2分；镜内所看到的视野不明亮，扣1分。	单人考核

（续表）

序号	考核内容	考核时间	分值	评分标准	考核方法
2	对光	15分钟	5	低倍镜未对准通光孔，扣2分；左右眼观察目镜不准确，扣2分；镜内所看到的视野不明亮，扣1分。	单人考核
3	放片		5	标本未按规定放在载物台上，扣2分；标本未压住，扣2分。	单人考核
4	对焦观察		10	未按低倍镜到高倍镜顺序观察，扣3分；粗细准焦螺旋调整顺序错误，扣3分；高低倍镜转换时，手的位置不正确，扣2分；未看到清晰的物像扣2分。	单人考核
5	还镜		5	移开物镜和取切片的顺序错误扣2分；低倍镜未转至通光孔，直接下降镜筒扣1分；光源灯未关闭，扣1分；显微镜未按规定还原，扣1分。	单人考核
6	保养		10	随意拆开显微镜的零件，扣4分；随意在显微镜之间调换镜头或其他附件，扣3分；直接用手指或粗布擦拭镜头，扣2分；未收拾、清洁台面，扣1分。	单人考核

2. 观察洋葱鳞叶表皮细胞结构。

序号	考核内容	考核时间	分值	评分标准	考核方法
1	准备	60分钟	5	未用纱布擦拭载玻片和盖玻片扣2分；未在载玻片的中央滴一滴清水扣3分。	单人考核

（续表）

序号	考核内容	考核时间	分值	评分标准	考核方法
2	临时装片的制作	60分钟	20	撕取洋葱鳞叶内表皮不正确扣2分；未浸入载玻片中央的水滴中，扣3分；表皮未展平扣3分；加盖盖玻片不正确扣，导致气泡产生扣3分；未用吸水纸吸去多余的水分扣2分；临时装片外观不整洁，扣2分；视野内有明显的大气泡、小气泡超过2个，扣2分；视野内有明显的细胞重叠扣1分。	单人考核
3	染色		3	未按要求染色或染色不正确，扣3分。	单人考核
4	显微镜观察		15	未正确拿取、安放好显微镜，扣2分；对光方法不正确，扣2分；安放装片不正确，在视野中央未能找到物像，扣4分；调节准焦螺旋不正确，物像不清晰，扣3分；不能分辨细胞各部分结构，扣4分。	单人考核
5	生物绘图		10	绘图方法不正确，扣5分；各结构标注不正确扣3分；线条不光滑清晰、比例不得当或图不美观、不整洁扣2分。	单人考核
6	结束实验		2	未还原显微镜或未清理实验仪器和实验台，扣2分。	单人考核
7	职业素养		5	实验习惯良好，观察仔细、认真、客观；积极主动，严谨；组内团结合作、能发现问题和分析问题给10分，不足之处酌情扣分。	单人考核

任务二　观察细胞有丝分裂

一、任务目标

观察植物细胞有丝分裂的过程；描述有丝分裂间期、前期、中期、后期、末期的染色体数目、形态、位置等变化过程及主要特征。养成良好的实验意识、习惯和科学、客观、严谨、分析能力及团结协作。

二、完成形式

以小组为单位，在教师的指导下独立操作显微镜、观察永久片、绘图。

三、备品与材料

1. 仪器设备：显微镜每人一台。
2. 材料与工具统计表。

四、任务实施

（一）知识准备

有丝分裂是植物真核细胞分裂最普遍的分裂方式，在分裂过程中，细胞内出现了染色体和纺锤丝，故称有丝分裂，它是一个连续的分裂过程，包括间期、前期、中期、后期、末期五个时期。

1. 间期：细胞核呈球形，具有核膜核仁，染色质不规则地分散于核液中，细胞核位于中央，并占很大比例，核仁明显。

2. 前期：细胞核内出现染色体，随后核膜核仁消失，同时纺锤丝出现。

3. 中期：染色体整齐排列在赤道面上，此时是观察染色体形态和数目的最佳时期。

4. 后期：纺锤丝收缩、断裂、分开，形成染色体，分别向两极移动。

5. 末期：染色体、纺锤体消失，核膜核仁重新出现。

（二）观察细胞有丝分裂

1. 准备实验材料。

（1）洋葱根尖的培养。在室温为 10℃ ~25℃条件下，洋葱鳞茎易生根，且数目多，生长速度快。（在低温和高温条件下，洋葱生根少且缓慢）实验前 3~5 天，精选个大、饱满，体形扁圆、底部面积较大的洋葱鳞茎生根数较多。将洋葱鳞茎剥去一层外皮，用刀片切去鳞茎底部陈根，露出新的细胞，有利于洋葱鳞茎尽早生根。将鳞茎放在盛满水的烧杯上，使其底部接触水面，放在温暖、向阳处，每天换水，以免氧气不足导致根尖腐烂，细胞生长缓慢，影响细胞有丝分裂的观察。

（2）取材。根尖的取材时间非常重要。当洋葱根尖长至 4~5cm 时，在中午剪取 2~3cm 左右长的根尖放入固定液（1 份冰醋酸和 3 份 95% 酒精的混合液）中固定，使根尖的生长点细胞变成乳白色，根尖下沉，固定几小时后，取出放入 70% 酒精保存液中保存，这时根尖细胞分裂相最多，在显微镜下较易找到处于不同分裂期的细胞。

2. 制作洋葱根尖有丝分裂临时装片。

（1）解离。正确处理根尖解离的时间很重要，若解离时间太短则无法进行压片。解离时间太长根尖完全酥软，无法进行有丝分裂各期细胞的观察。将根尖从固定液中取出，用清水冲洗干净后放入盛有 15% 盐酸解离液的培养皿里解离 3~5 分钟左右。只要根尖色泽变白、略带透明即可，此时根尖压片效果最佳。

（2）漂洗。待根尖酥软后，用镊子取出，放入盛有清水的玻璃皿中漂洗约 10 分钟。

（3）染色。把洋葱根尖放进盛有质量浓度为 0.01g/mL 的龙胆紫溶液（或醋酸洋红溶液）的培养皿中，染色 3~5 分钟。

3. 压片。染色完毕后，取一干净载玻片，在中央滴一滴清水，将染色的根尖用镊子取出，放入载玻片的水滴中，并且用镊子尖把根尖弄碎，盖上盖玻片，在盖玻片覆上一张滤纸片，再盖上一片载玻片，用拇指轻压一下，根尖细胞均匀地扩散成云雾状，取下后加上的滤纸片和载玻片，制成装片。

4. 观察洋葱根尖有丝分裂。

（1）低倍镜观察。

把制成的洋葱根尖装片先放在低倍镜下观察，要求找到有丝分裂各个时期。

（2）高倍镜观察。

找到有丝分裂各时期后，把低倍镜移走，直接换上高倍镜，用细准焦螺旋调至清晰。直到看清细胞物象为止，仔细观察，找到处于有丝分裂的前期、中期、后期、末期和间期的细胞。

五、注意事项

1. 严格执行实验操作过程。

2. 根据实际情况，可选择植物细胞的永久装片进行实验。

六、实验结果记录

简要描述所观察到的有丝分裂各时期细胞的特征，并填入下表。

序号	各分裂时期	描述主要特征
1	分裂间期	
2	分裂前期	

（续表）

序号	各分裂时期	描述主要特征
3	分裂中期	
4	分裂后期	
5	分裂末期	

七、任务评价

序号	考核内容	考核时间	分值	评分标准	考核方法
1	分裂间期主要特征	50分钟	20	细胞核、核膜、染色质特征描述完全正确给20分，描述基本正确给15分，少数部分描述正确给10分，只有1个特征描述正确给5分，描述基本错误不给分。	单人考核
2	分裂前期主要特征		20	核膜、核仁、纺锤丝、纺锤体、染色质特征描述完全正确给20分，描述基本正确给15分，少数部分描述正确给10分，只有1个特征描述正确给5分，描述基本错误不给分。	单人考核
3	分裂中期主要特征		20	染色体排列情况、数目、形态，着丝点数目、纺锤体特征描述完全正确给20分，描述基本正确给15分，少数部分描述正确给10分，只有1个特征描述正确给5分，描述基本错误不给分。	单人考核
4	分裂后期主要特征		20	染色体、子染色体形状和大小、纺锤丝特征描述完全正确给20分，描述基本正确给15分，少数部分描述正确给10分，只有1个特征描述正确给5分，描述基本错误不给分。	两人考核

（续表）

<table>
<tr><th>序号</th><th>考核内容</th><th>考核时间</th><th>分值</th><th>评分标准</th><th>考核方法</th></tr>
<tr><td>5</td><td>分裂末期主要特征</td><td rowspan="2">50分钟</td><td>15</td><td>核膜、核仁、细胞核、纺锤丝、子细胞特征描述完全正确给15分，描述基本正确给20分，有1个特征描述正确给5分，描述基本错误不给分。</td><td>单人考核</td></tr>
<tr><td>6</td><td>职业素养</td><td>10</td><td>实验习惯良好，观察仔细、认真、客观；积极主动，严谨；组员之间相处融洽等给10分。不足之处酌情扣分。</td><td>单人考核</td></tr>
</table>

任务三　观察植物组织

一、任务目标

学会正确熟练地使用显微镜观察植物的材料，认知主要植物组织的分布部位及其细胞的形态和结构特征，学会区别七种组织的类型。养成良好的实验意识、习惯和科学、客观、严谨的分析能力及团结协作。

二、完成形式

以小组为单位，在教师的指导下独立操作显微镜、切片、观察植物材料、绘图。

三、备品与材料

1. 仪器设备：显微镜每人一台。

2. 材料与工具统计表。

序号	名　称	型号或规格	数量
1	擦镜纸、吸水纸、纱布、盖玻片		若干
2	镊子、解剖针、刀片、培养皿、吸管、毛笔、酒精灯		每组1套
3	蒸馏水、浓盐酸、间苯三酚、氯化锌、氯化锌—碘溶液、解离液、番红液		每组1套
4	蚕豆、女贞茄、小麦、玉米叶		每组1套

（续表）

序号	名　称	型号或规格	数量
5	南瓜茎、豆芽、大叶黄杨顶芽纵切片，向日葵茎横切片，椴木茎横切片，小麦茎节间基部纵切片，马铃薯块茎切片，松针叶横切片等材料。		每组1套

四、任务实施

根据组织的发育程度、生理功能和形态结构的不同，植物组织可以分成分生组织和成熟组织两大类。分生组织按在植物体上的位置可分为顶端分生组织、侧生分生组织、居间分生组织；按分生组织的来源和性质分为原生分生组织、初生分生组织、次生分生组织。成熟组织按照功能分为基本组织、保护组织、机械组织、输导组织和分泌组织。

（一）观察分生组织

1. 观察顶端分生组织。

取大叶黄杨顶芽纵切制片，置显微镜下观察，注意其最先端圆锥状的部分是生长锥。其细胞小、近等径而排列紧密、细胞壁薄、核大细胞质浓而着色深，具有典型的分生组织细胞的特征。在生长锥的下侧外围还可观察到叶原基。

2. 观察侧生分生组织。

取向日葵茎横切制片，置显微镜下观察，可见木质部和韧皮部之间有几层细胞壁薄而呈扁平、砖形的细胞，整齐排列成环，其中有一层细胞是形成层，它的内外侧是分裂产生的子细胞。

3. 观察居间分生组织。

取小麦茎节间基部纵切制片，在显微镜下观察节间基部成熟组织中，可见到伸长的细胞内有拉长的细胞核（无丝分裂），也有正在进行有丝分裂的细胞。

（二）观察保护组织

1. 观察表皮。

（1）撕取蚕豆叶、茄、天竺葵叶或其他双子叶植物叶下表皮一小块，制成临时装片，在显微镜下观察。可见表皮细胞呈不规则形状、排列紧密、细胞内不含叶绿体，具有 1 个细胞核和一层紧贴细胞壁的细胞质，中央为 1 个大液泡。在表皮细胞之间有许多气孔器，它由一对肾形的保卫细胞及之间的气孔组成。保卫细胞中含有叶绿体，靠气孔处的细胞壁较厚，在茄叶上还可观察到表皮毛。

（2）撕取小麦或玉米叶的表皮一小块，制成临时装片，在显微镜下观察。可见表皮细胞为长形，称为长细胞，在长形细胞之间有一些较小的短细胞。表皮细胞的侧壁波形，互相紧密嵌合。还可观察到由一对哑铃形的保卫细胞，一对棱形的副卫细胞的中央的气孔构成的气孔器。

2. 观察周皮。

取椴木茎横切制片，从低倍到高倍进行观察。可见茎的外方有几层扁平砖形，排列整齐而紧密的细胞，被染成红褐色，这是木栓层。其内侧有一层细胞，着色较浅，细胞核明显可见，这是木栓形成层。木栓形成层内侧有一至几层稍大，排列疏松的同形细胞，是为栓内层。三者合称为周皮。在周皮上还可观察到向外突起的皮孔。

（三）观察机械组织

1. 观察厚角组织。

取南瓜茎，用刀片横切成薄片，置于载玻片上，加一滴氯化锌—碘液，盖上盖玻片，于显微镜下观察。可见在表皮内方有几层细胞呈多边形，其细胞壁常在邻接的角隅处增厚，呈淡紫色，是纤维素壁。由于胞间隙小，故增厚了的角隅，几乎连成一片。

厚角组织的细胞常含叶绿体，且在有棱部分比较发达，如芹菜叶柄。

2. 观察韧皮纤维。

取黄麻茎横切制片，置显微镜下观察。在韧皮部内可见许多厚壁细胞，横切面上呈多边形，细胞壁均匀加厚，其上有纹孔，细胞腔小而无原生质体。

另外，从离析剂（10% 硝酸与 10% 铬酸等量混合）中取出已离析好的黄麻茎或棉茎韧皮纤维一小束，水洗净后，挑取少量于载玻片上，用解剖针将其分离，制成临时装片，置于显微镜下观察。可见纤维为两端尖斜的狭长细胞，壁上可见有斜眼状的纹孔。

3. 观察石细胞。

取梨果或椰子内果皮制片，于显微镜下从低倍到高倍观察。可见成群的石细胞的壁很厚，常被染成红色，壁上有分枝或不分枝的纹孔道，细胞腔小，原生质体消失。

另外用镊子挑取梨果肉中的一颗硬粒于载玻片上，用镊子柄将其压碎，用浓盐酸及间苯三酚染色，加盖玻片，在显微镜下观察被染成红色的石细胞。

（四）观察输导组织

1. 观察导管。

取南瓜茎或向日葵茎横切制片，先用肉眼观察，在横切面上可见有 5~7 个分离的维管束，呈环状排列。然后在低倍镜下观察其中一个维管束，中部红色的是木质部，它的内外两边染成蓝色或绿色的是韧皮部（双韧维管束）。

用铅笔的橡皮头垂直方向，轻轻敲打盖玻片，使材料成云雾状，然后置显微镜下观察，可见到染成红色而分离的导管分子，仔细观察其侧壁增厚和横壁穿孔的现象。

2. 观察管胞。

（1）取杉或松木材切片，在显微镜下观察管胞的形态特征。

在切片中可见许多纵向管胞以及与管胞垂直相连的射线薄壁细胞。注意观察管胞有偏斜的横壁，彼此上下相叠。细胞壁上有具缘纹孔。

（2）取已离析好的杉或松木质部做成临时装片，在低倍镜下找出分离较清晰的部位，再转高倍镜，仔细观察管胞的形状，增厚的细胞壁和纹孔。

3. 观察筛管和伴胞。

（1）取南瓜茎横切制片，置显微镜下观察，找到维管束的红色木质部两边被染成蓝色或绿色的韧皮部，可见有许多筛管，横切面呈多边形，细胞壁较薄。在部分筛管中还可见到横壁形成的筛板及其筛孔。在筛管旁，可见到较小的四方形，梯形或三角形的薄壁细胞，即是伴胞。

（2）取南瓜茎纵切片，置显微镜下观察筛管的纵切面，可见筛管是由许多长管状细胞连接而成，筛板因其倾斜方向及角度不同而表现各异。筛管分子的核已解体，原生质体因制片处理关系，常向中部收缩而成束状。筛管分子的旁边，可见较狭长而两端尖削，常与筛管分子等长的细胞，即为伴胞。

（五）观察分泌组织

1. 溶生分泌腔的观察。

取新鲜柑橘果皮一小块，通过果皮断面做徒手切片，制成临时装片，低倍镜下观察，可见切面上具 1 至数个囊腔，腔内充满挥发油，此为溶生油囊。

2. 裂生分泌腔的观察。

取松针叶制片，在低倍镜下观察，可见叶肉组织中有较大的腔，腔四周具有小型薄壁细胞，此为分泌细胞，大的腔为树脂腔，与茎的树脂腔相互连接称树脂道。

五、注意事项

此试验需要观察的玻片较多，制作临时装片较多，要多准备一些观察材料进行比较分析，需要时间较长，要提前做好准备。

六、实验结果记录

1. 简要描述所观察到的各类植物组织的特征填入下表，并说出它们分别分布在植物体的哪些部位。

序号	植物组织	描述细胞特点	分布部位
1	分生组织		
2	保护组织		
3	机械组织		
4	输导组织		
5	分泌组织		

2. 将观察到的植物组织分别绘制成生物图，并注明细胞特点，要求图形要能正确反映出观察材料的形态、结构特征，注意绘图比例适当，线条粗细均匀，图面清晰。

七、任务评价

序号	考核内容	考核时间	分值	评分标准	考核方法
1	分生组织细胞特点		10	特征描述完全正确给10分，每描述错误一个特征扣2分。分布部位正确给4分。	单人考核
2	保护组织细胞特点	60分钟	10	特征描述完全正确给10分，每描述错误一个特征扣2分。分布部位正确给4分。	单人考核
3	机械组织细胞特点		10	特征描述完全正确给10分，每描述错误一个特征扣2分。分布部位正确给2分。	单人考核

（续表）

序号	考核内容	考核时间	分值	评分标准	考核方法
4	输导组织细胞特点	60分钟	10	特征描述完全正确给10分，每描述错误一个特征扣2分。分布部位正确给4分。	单人考核
5	分泌组织细胞特点		10	特征描述完全正确给10分，每描述错误一个特征扣2分。分布部位正确给4分。	单人考核
6	生物绘图		40	绘图方法正确给5分，能正确反映出观察材料的形态、结构特征给15分，各结构标注正确给5分，线条光滑清晰，粗细均匀给5分，比例得当或图美观给5分，整洁给5分。	单人考核
6	职业素养		10	实验习惯良好，观察仔细、认真、客观；积极主动，严谨；组员之间相处融洽，给10分。不足之处酌情扣分。	单人考核

任务四　观察种子结构

一、任务目标

能识别种子的结构，能区别有胚乳种子和无胚乳种子；养成良好的实验意识、习惯和科观察、分析能力；养成热爱生命，热爱自然的态度。

二、完成形式

在教师的指导下每个学生独立观察种子的结构、有胚乳种子、无胚乳种子、子叶出土型幼苗和子叶留土型幼苗。

三、备品与材料

1. 仪器设备：放大镜每人一台。

2. 材料与工具统计。

序号	名　称	型号或规格	数量
1	刀片、镊子、托盘		每组1套
2	浸泡过的菜豆、蓖麻、番茄、玉米、黄豆、花生种子		若干
3	绿豆芽、蚕豆芽		若干

四、任务实施

种子是种子植物所特有的器官，其主要作用是繁殖后代，它通常由种皮、胚和胚乳三部分组成。种皮包围在种子外面，具有保护种子的作用；胚是种子的最重要的部分，是包在种子内的幼小植物体，由胚芽、胚根、胚轴和子叶四部分组成。胚乳位于种皮与胚之间，是种子内贮藏营养物质的场所。种子根据成熟后胚乳的有无，可分为有胚乳种子和无胚乳种子。种子在充足的水分、适宜的温度和充足的氧气下萌发形成幼苗。幼苗根据种子萌发过程中，胚轴生长和子叶出土情况，可把幼苗分为子叶出土幼苗和子叶留土幼苗。

（一）观察无胚乳种子的形态与结构

取出在清水中浸泡过两天的菜豆、黄豆、花生种子用小刀解剖观察种皮结构，并在放大镜下区分出种皮、胚和子叶三部分后，进行详细观察。

1. 种皮。

一般较坚韧，起保护作用。取已泡胀的菜豆种子一粒，观察种子的外形略呈肾形，外面有革质的种皮包被，颜色依品种不同而不同。在种子稍凹的一侧有一条状的斑痕，是种脐，它是种子成熟时与果实脱离后遗留的痕迹。在种脐一端的种皮上有一个小孔，是种孔。

2. 胚。

剥去种皮，可见两片肥厚的子叶，就是豆瓣，贮藏营养物质，掰开两片子叶，可以看见这两片子叶着生在胚轴上，胚轴的上端为胚芽，有两片比较清晰的幼叶，如果用解剖针挑开幼叶，用放大镜观察时，可见在胚轴的下端为一尾状物，是胚根，当种子萌发时，胚根最先突破种皮。因此种皮里面的整个结构就是胚，没有胚乳的存在。

（二）观察有胚乳种子的形态与结构

取出在清水中浸泡过两天的蓖麻、玉米种子用小刀解剖观察种皮结构，并在放大镜下区分出种皮、胚和胚乳三部分后，进行详细观察。

1. 玉米果粒观察。

（1）种皮。

种子的外面只有一层厚皮，是由果皮和种皮紧密结合形成的，其果皮和种皮愈合在一起，不易分开。

（2）胚。

取一粒已浸泡过的玉米籽粒，先观察外形，有种脐。透过果皮和种皮，可清楚地看到种子中的胚。然后用刀片垂直颖果的宽面，沿胚之正中做纵切，将其剖为两半，用放大镜观察其纵切面；它的外面只有一层厚皮，是由果皮和种皮紧密结合形成的，果皮和种皮以内的大部分疏松组织是胚乳，在背侧基部的一角，与胚乳相对的是胚。仔细观察时还可以看到盾形一片子叶、胚芽、胚轴和胚根的位置。

（3）胚乳。

把切开的玉米加一滴稀释的碘液，胚乳内的淀粉部分马上变成蓝黑色，而胚呈橘黄色，胚乳有贮藏营养物质的功能。

五、注意事项

1. 解剖种子时，一定要用载玻片垫在下面切，不要直接在桌面上切，以免损坏桌面。使用刀片时一定要注意安全。

2. 先观察区分出种子的各部分后，再详细对照观察各种细部特征。

六、实验结果记录

1. 详细对照观察所给材料，区分出种子的各部分，并将各部特征描述到下表中。

序号	组成部分	描述主要特征
1	种皮	
2	胚	

（续表）

序号	组成部分	描述主要特征
3	胚乳	

2. 绘制大豆、玉米种子结构图，注明各部分名称，并比较有胚乳种子和无胚乳种子结构的异同。

七、任务评价

序号	考核内容	考核时间	分值	评分标准	考核方法
1	种皮主要特征	50分钟	10	特征描述完全正确给10分，每描述错误一个特征扣2分。	单人考核
2	胚主要特征		10	特征描述完全正确给10分，每描述错误一个特征扣2分。	单人考核
3	胚乳主要特征		10	特征描述完全正确给10分，每描述错误一个特征扣2分。	单人考核
4	有胚乳种子特征		10	特征描述完全正确给10分，每描述错误一个特征扣2分。	单人考核
5	无胚乳种子特征		10	特征描述完全正确给10分，每描述错误一个特征扣2分。	单人考核
6	生物绘图		40	绘图方法正确给10分，能正确反映出观察材料的形态、结构特征给18分，各结构标注正确给5分，线条光滑清晰，粗细均匀给3分，比例得当或图美观给2分，整洁给2分。	单人考核
7	职业素养		10	实验习惯良好，观察仔细、认真、客观，积极主动，严谨，组员之间团结合作、协调，热爱生命，热爱自然，给10分。不足之处酌情扣分。	单人考核

任务五　观察根的构造

一、任务目标

学会识别根尖的分区和构造，根的初生结构和次生结构，并能区别双子叶植物和单子叶植物根的初生结构；培养良好的实验意识、习惯和科学观察、分析能力以及团队协作能力。

二、完成形式

在教师的指导下每个学生在显微镜下独立观察根尖纵切片、单子叶植物、双子叶植物根初生结构横切片。

三、备品与材料

1. 仪器设备：显微镜每人一台。

2. 材料与工具统计表。

序号	名　称	型号或规格	数量
1	小麦根尖纵切永久片、水稻、鸢尾、玉米幼根横切片		每组1套
2	棉花老根横切片、蚕豆根维管形成层发生过程的横切片、刺槐根部分的永久切片		每组1片

四、任务实施

（一）知识准备

1. 根尖的分区与构造。

根是种子植物重要的营养器官，是植物长期演化过程中适应陆生生活的产物。根尖是根的伸长生长、水分养料吸收以及侧根发生的重要部位。根尖从顶端起依次分为根冠、分生区、伸长区和成熟区四个部分（图 1—2）。各区由于生理功能不同，在形态结构上也表现出不同的特征。

（1）根尖的分区。

①根冠。根冠是位于根尖顶端的帽状结构，由许多薄壁细胞组成，根冠细胞不规则，外围细胞大、排列疏松，内部（近分生区）细胞小、排列紧密。

②分生区。分生区位于根冠内侧，由顶端分生组织组成，整体形状如圆锥，分生区细胞小，排列紧密，无细胞间隙，细胞壁薄、核大、质浓、液泡很小，外观呈褐黄色。

③伸长区。伸长区位于分生区的后方。此区细胞愈远离分生区，则细胞分裂活动愈弱，并逐渐停止。其细胞沿着根的纵轴方向伸长，体积增大。

④成熟区。成熟区位于伸长区的后方，是伸长区细胞进一步分化形成的。其表面一般密被根毛，因而又称根毛区。根毛是表皮细胞外壁向外突出形成的顶端封闭的管状结构。

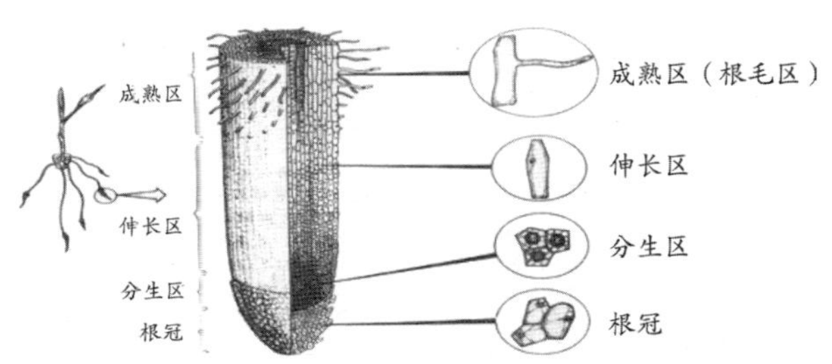

图 1—2 根尖的立体结构和平面结构

2. 根的构造。

（1）根的初生结构。

根在初生生长过程中形成的各种成熟组织组成根的初生结构，

在根尖成熟区做一横切面，可以看到根的全部初生结构，由外至内分为表皮、皮层和维管柱三部分。

①表皮：为最外一层排列紧密、无细胞间隙的细胞，细胞略呈方形，细胞壁薄。

②皮层：皮层在表皮之内中柱以外的部分，由多层薄壁细胞组成，有明显的细胞间隙。可分为外皮层、皮层薄壁细胞和内皮层三部分。内皮层细胞其径向壁和上、下壁常局部增厚并栓质化，环绕成圈，叫凯氏带，但在横切面上有的只能见径向壁上成很小的点状，又叫凯氏点。

③维管束：是内皮层以内的中央部分，包括中柱鞘、初生木质部、初生韧皮部和薄壁细胞四部分。

（2）根的次生结构。

根的维管形成层和木栓形成层活动的结果形成了根的次生结构，自外向内依次为周皮（木栓层、木栓形成层、栓内层）、成束的初生韧皮部、次生韧皮部、形成层和次生木质部。

①周皮：位于根的最外面、横切面细胞呈扁平长方形，排列整齐，无细胞间隙，在永久制片中染成褐色或绿色。

②次生韧皮部：位于周皮以内维管形成层以外。有许多大型的薄壁细胞，在横切面上排列成漏斗状，这是射线扩大的部分，其中可见分泌腔。小而壁厚被染成蓝色的细胞为韧皮纤维；其他薄壁细胞为筛管、伴胞和韧皮薄壁细胞。还有放射状排列的细胞为韧皮射线。

③维管形成层：位于次生木质部和次生韧皮部之间，为数层砖形扁平的薄壁细胞，排列紧密。实际上，形成层只有一层细胞，因它向内外分裂的细胞尚未分化成熟，形状与形成层细胞相似，故见到多层。

④次生木质部：木质部位于形成层的内侧，靠近形成层的部

分为次生木质部，初生木质部被挤在中心部位，导管管腔较小具4~6束、呈放射状排列。形成层在一定部位也产生一些薄壁细胞，呈辐射状排列，贯穿在木质部的为木射线，贯穿于韧皮部的为韧皮射线。

（二）观察根尖分区结构

1. 观察根尖分区的内部结构。

在显微镜下观察小麦根尖纵切永久片，识别出根冠、分生区、伸长区和成熟区各部位。

2. 观察根的构造。

（1）观察根的初生结构。

取双子叶植物的初生结构和单子叶植物初生结构切片，先在低倍镜下观察，识别出表皮、皮层、维管柱三大部分，再换高倍镜由外向内进行详细观察。并比较双子叶植物和单子叶植物根的初生结构的异同。

（2）观察双子叶植物根的次生结构。

取蚕豆根维管形成层发生过程的横切片，观察维管形成层；取棉花老根横切面制片，先在低倍镜下观察，识别出周皮、次生韧皮部、维管形成层、次生木质部各部位，然后换高倍镜观察各部分的细胞特点；取刺槐根的次生结构或其他花生等植物老根横面永久切片观察次生结构。

五、注意事项

先在低倍镜下观察各结构部分后，然后转高倍镜观察各部分的特点。

六、实验结果记录

1. 观察根尖分区结构图和根的初生结构图的各部分，并将各部特征描述到下表中。

序号	各结构部分		描述主要特征
1	根尖分区	根冠	
2		分生区	
3		伸长区	
4		根毛区	
5	根的初生结构	表皮	
6		皮层	
7		维管柱	

2. 绘制出根尖分区结构轮廓图，标出各分区名称。

七、任务评价

序号	考核内容		考核时间	分值	评分标准	考核方法
1	根尖分区	根冠细胞主要特征	60分钟	10	特征描述完全正确给10分，每描述错误一个特征扣2分。	单人考核
2		分生区细胞主要特征		10	特征描述完全正确给10分，每描述错误一个特征扣2分。	单人考核
3		伸长区细胞主要特征		10	特征描述完全正确给10分，每描述错误一个特征扣2分。	单人考核
4		成熟区细胞主要特征		10	特征描述完全正确给10分，每描述错误一个特征扣2分。	单人考核
5	根的初生结构	表皮		10	特征描述完全正确给10分，每描述错误一个特征扣2分。	单人考核
6		皮层		10	特征描述完全正确给10分，每描述错误一个特征扣2分。	单人考核
7		维管柱		10	特征描述完全正确给10分，每描述错误一个特征扣2分。	

（续表）

序号	考核内容	考核时间	分值	评分标准	考核方法
8	生物绘图	60分钟	20	绘图方法正确给10分，能正确反映出观察材料的形态、结构特征给5分，各结构标注正确给3分，线条光滑清晰，粗细均匀给2分。	单人考核
7	职业素养		10	实验习惯良好，观察仔细、认真、客观；积极主动，严谨；组员之间团结合作、协调给10分。不足之处酌情扣分。	单人考核

任务六　观察根的变态类型

一、任务目标

能够识别出常见的根的变态类型。

二、完成形式

以小组为单位，在教师的指导下室内或室外逐一观察识别标本。

三、备品与材料

序号	名　称	型号或规格	数量
1	萝卜、胡萝卜、甜菜、大丽花、甘薯、玉米、大榕树、甘蔗、常春藤、凌霄、菟丝子等新鲜标本		每组1套

四、任务实施

（一）知识准备

根的变态类型包括贮藏根、气生根、寄生根三类。

1. 贮藏根。

根体肥大多汁，形状多样，贮藏大量养分。由于来源不同，可以分为肉质直根和块根两类：

（1）肉质直根：由主根和下胚轴膨大发育而成，外形呈圆锥状或纺锤状、球状等。一株植物上仅有一个肥大的直根，其具有侧根的部分即为主根，不产生侧根的上部相当于胚轴的膨大。

（2）块根：和肉质直根不同，它们主要由侧根或不定根发育膨大而成，在一株植物上可以形成许多块根。

2. 气生根。

气生根是生长在地面以上空气中的根。因根在生理功能和在结构不同，可分以下几种：

（1）支持根：生长在地面上空气中的根，在较近地面茎节上的不定根不断延长后，根先深入土中，并继续产生侧根，成为增强植物整体支持力量的辅助根系。

（2）攀缘根：茎细长、不能直立，生许多很短的气生根，能分泌黏液，固着于其他物体之上，借此向上攀缘生长。

（3）呼吸根：一部分生长在湖沼或热带海滩地带的植物，生在泥水中呼吸十分困难，因而有部分根垂直向上伸出土面，暴露于空气之中，便于进行呼吸。

3. 寄生根。

高等寄生植物所形成的一种从寄主体内吸收养料的变态根，常又称为吸器。

（二）观察根的变态类型

观察所提供的材料，正确识别肉质直根、块根、支持根、攀缘根、呼吸根，并加以区别。

五、注意事项

可根据实际情况选择不同种类的变态根进行观察；若没有新鲜材料可用标本、图片代替。

六、实验结果记录

根据观察，描述出各类型根的变态的特征，并将特征填入下表。

序号	变态类型	描述主要特征及举例
1	肉质直根	

序号	变态类型	描述主要特征及举例
2	块根	
3	支持根	
4	攀缘根	
5	呼吸根	
6	寄生根	

七、任务评价

<table>
<tr><th>序号</th><th>考核内容</th><th>考核时间</th><th>分值</th><th>评分标准</th><th>考核方法</th></tr>
<tr><td>1</td><td>肉质直根</td><td rowspan="7">45分钟</td><td>15</td><td rowspan="6">对所有实验材料进行考核，能够完全正确识别出所有实验材料，并能简单阐述特征，给满分，每识别错误一种扣2分。</td><td>单人考核</td></tr>
<tr><td>2</td><td>块根</td><td>15</td><td>单人考核</td></tr>
<tr><td>3</td><td>支持根</td><td>15</td><td>单人考核</td></tr>
<tr><td>4</td><td>攀缘根</td><td>15</td><td>单人考核</td></tr>
<tr><td>5</td><td>呼吸根</td><td>15</td><td>单人考核</td></tr>
<tr><td>6</td><td>寄生根</td><td>15</td><td>单人考核</td></tr>
<tr><td>7</td><td>职业素养</td><td>10</td><td>实验习惯良好，观察仔细、认真、客观，积极主动，严谨，组员之间相处融洽，热爱生命，热爱自然，爱护卫生给10分。不足之处酌情扣分。</td><td>单人考核</td></tr>
</table>

任务八　观察茎的形态、芽的类型、分枝类型

一、任务目标

认知芽的类型和枝芽的构造；学会应用茎的形态术语；认知茎的基本形态特征和茎的分枝方式；在生产中能够辨别芽的类型，养成良好的学习习惯，培养学生独立思考和观察的能力，形成科学、客观和严谨的分析问题的能力。

二、完成形式

以小组为单位，在教师的指导下在实验室（学校内）独立观察不同植物茎的基本形态特征、芽的类型、枝芽的结构、茎的分枝方式。

三、备品与材料

序号	名　称	型号或规格	数量
1	银杏、悬铃木、刺槐、香樟、梨树桃树、松树、油杉、茶花、石竹等	长30~40cm	每组各一个枝条

四、任务实施

（一）知识准备

1. 茎的基本形态。

（1）节：茎上着生叶的部位。

（2）节间：相连两个节之间的部分。

（3）顶芽：茎顶端着生的芽。

（4）腋芽：叶腋处着生的芽。

（5）叶痕：木本植物的枝条，其叶片脱落后留下的疤痕。

（6）叶迹：叶痕中的点状突起是枝条与叶柄间的维管束断离后留下的痕迹。

（7）芽鳞痕：顶芽开放时，其芽鳞片脱落后在枝条上留下的密集痕迹。

（8）皮孔：枝条上可以看到小的皮孔，这是枝条与外界进行气体交换的通道。

2. 芽的类型。

（1）按芽在枝上的位置可以将芽分为定芽和不定芽。定芽又分为顶芽和腋芽。顶芽是生在主干或侧枝顶端的芽。腋芽是生长在侧面叶腋内的芽。

（2）按芽鳞的有无可分为鳞芽和裸芽。有芽鳞包被的芽，称为鳞芽。芽的幼叶直接暴露在外的，称为裸芽。

（3）按芽形成的器官分为枝芽、花芽和混合芽。发育为营养枝的芽为枝芽；发育为花或花序的芽为花芽；同时发育为枝、叶、花或花序的芽为混合芽。

3. 分枝类型。

（1）单轴分枝：主茎的顶芽生长旺盛，形成直立粗壮的主干材，而侧枝的发育程度均不超过主茎，之后侧枝又以同样的方式形成次级侧枝，这种分枝方式为单轴分枝。

（2）合轴分枝：顶芽生长活动一段时间后死完，或分化为花芽，或生长极慢，继由顶芽下部的侧芽代替顶芽生长，迅速发展为新枝，并取代了主茎的位置；不久新枝的顶芽又停止生长，再由其旁边的腋芽所代替，以此类推，这种分枝方式称为合轴分枝。

（3）假二叉分枝：具有对生叶的植物，在顶芽停止生长或分化成花芽后，由顶芽下两个对生的腋芽同时生长，形成叉状侧枝，新枝的顶芽侧芽生长活动与母枝相同。假二叉分枝实际上是特殊形式的合轴分枝。

（二）观察茎的形态、芽的类型、分枝类型

1. 观察茎的基本形态。

根据所提供材料，让每一个学生认真观察节与节间、顶芽与腋芽（侧芽）、叶痕与叶迹（维管束痕）、芽鳞痕、皮孔的形态特征。

2. 观察芽的类型。

根据所提供材料，让每一个学生认真观察芽的着生位置、芽的结构、生理状态来判断芽的类型。能够辨别芽的性质，是枝芽还是花芽，顶芽和侧芽，鳞芽和裸芽。

3. 观察分枝类型。

根据所提供材料，让每一个学生认真观察每一种的芽展开后形成的枝、花或花序，根据顶芽和腋芽的生长相关性，判断植物分枝的类型。

五、注意事项

1. 茎基本形态观察：选取特征比较明显的枝条进行观察。

2. 芽的类型与芽的结构观察。

（1）芽的类型观察：选取特征比较明显的芽进行观察。

（2）芽的结构观察：用双面刀片将芽从正中纵剖为二，不要破坏芽的结构。

六、实验结果记录

1. 茎的基本形态观察记录表。

茎基本形态	特征描述
节	
节间	
顶芽	
腋芽（侧芽）	

（续表）

茎基本形态	特征描述
叶痕	
叶迹（维管束痕）	
芽鳞痕	
皮孔	

2. 芽的类型观察记录表。

芽的类型	特征描述
顶芽	
侧芽	
裸芽	
鳞芽	
枝芽	
花芽	
混合芽	
活动芽	
休眠芽	

3. 枝条的分枝类型观察记录表。

分枝类型	特征	举例	简图绘制
单轴分枝			
合轴分枝			
假二叉分枝			

七、任务评价

1. 观察茎基本形态。

序号	考核内容	考核时间	分值	评分标准	考核方法
1	节和节间	20分钟	5	节和节间的位置指对给3分； 节和节间的特征描述准确给2分。	单人考核

（续表）

序号	考核内容	考核时间	分值	评分标准	考核方法
2	顶芽和测芽	30分钟	5	选取的枝条特征明显，顶芽和测芽位置指对给3分；顶芽和侧芽特征描述正确给2分。	单人考核
3	叶痕和叶迹		5	叶痕和叶迹的位置指对给3分； 叶痕和叶迹的特征描述正确给2分。	单人考核
4	芽鳞痕		5	选取的枝条特征明显，芽鳞痕位置指对给3分；芽鳞痕的特征描述准确给2分。	单人考核
5	皮孔		5	皮孔的位置指对给3分； 皮孔的特征描述准确给2分。	单人考核

2. 芽的类型观察。

序号	考核内容	考核时间	分值	评分标准	考核方法
1	顶芽和测芽	30分钟	8	顶芽和侧芽的划分标准对给2分； 顶芽和侧芽的特征描述正确给2分； 裸芽和鳞芽的位置指对给4分。	单人考核
2	裸芽和鳞芽		8	裸芽和鳞芽的划分标准对给2分； 裸芽和鳞芽的特征描述正确给2分； 裸芽和鳞芽的位置指对给4分。	单人考核
3	枝芽、花芽和混合芽		8	枝芽、花芽、混合芽的划分标准正确给4分； 枝芽、花芽、混合芽的特征描述正确给4分。	单人考核
4	活动芽和休眠芽		5	活动芽和休眠芽的划分标准正确给2分； 活动芽和休眠芽的特征描述正确4分。	单人考核

3. 分枝类型的观察。

序号	考核内容	考核时间	分值	评分标准	考核方法
1	单轴分枝	10分钟	6	单轴分枝的特征描述正确3分； 单轴分枝列举至少3例，每对一个给1分。	单人考核
2	合轴分枝		6	合轴分枝的特征描述正确3分； 合轴分枝列举至少3例，每对一个给1分。	单人考核
3	假二叉分枝		6	假二叉分枝的特征描述正确3分； 假二叉分枝列举至少3例，每对一个给1分。	单人考核
4	职业素养		10	实验习惯良好，观察仔细、认真、客观；积极主动，严谨；组员之间相处融洽，热爱生命，热爱自然，爱护卫生给10分。不足之处酌情扣分。	单人考核

任务九　观察茎的初生、次生结构

一、任务目标

会正确使用显微镜观察单双子叶植物茎的结构永久切片，能够找出它们的区别，并能进行生物绘图。爱护显微镜，养成良好操作实验仪器的习惯，培养科学、客观、严谨的分析问题的能力，具备团结协作的精神。

二、完成形式

以小组为单位，利用所学的知识，在教师的指导下每一个学生独立在显微镜下观察茎尖、双子叶植物茎的初生结构和次生结构和单子叶植物茎的初生结构，并能够独立进行生物绘图。

三、备品与材料

1．仪器设备：显微镜每人一台。

2．材料与工具统计表。

序号	名　称	型号或规格	数量
1	向日葵茎横切制片	永久制片	若干
2	梨树茎横切制片	永久制片	若干
3	毛竹茎横切制片	永久制片	若干
4	椴树茎横切制片	永久制片	若干

四、任务实施

（一）知识准备

1. 双子叶植物茎的初生结构。

（1）表皮：由原表皮发育而来，位于茎的最外层。细胞较小，排列紧密，外壁有角质化的角质层。

（2）皮层：位于表皮以内，维管柱以外的部分。

（3）维管柱：比较发达，所占的面积比例较大。分为维管束、髓射线、髓三部分。

①维管束：由初生韧皮部、束中形成层、初生木质部组成。

②髓射线：位于维管束之间的薄壁细胞，外连皮层，内通髓，是横向运输通道，还兼贮藏的功能。

③髓位于茎的中央，是维管柱中心的薄壁细胞，排列疏松，常具有贮藏功能，由基本分生组织分化而来。

2. 单子叶植物茎的初生结构。

绝大多数单子叶植物茎中无形成层，只有初生结构，不能进行增粗生长。维管束内无束中形成层，维管束呈散生状态，分布于基本组织中，皮层和髓没有明显的界线。

（1）表皮：由一层细胞构成，细胞排列紧密，壁厚，外壁硅质化或角质化，有少数气孔，表皮的内方有几层小而壁厚的细胞，是茎外方的机械组织。

（2）基本组织：位于表皮以内除维管束之外，均为薄壁组织，靠近表皮的薄壁组织细胞小而密，常含有叶绿体，呈绿色；靠内的细胞较大，有间隙，不含叶绿体；茎中央的薄壁组织在发育的过程中而破裂形成髓腔，髓腔的周围有十多层细胞构成，比较坚硬。

（3）维管束：散生于薄壁组织中，靠外方的维管束小，排列紧密，维管束只有机械组织，很少有疏导组织的分化，愈近内方的维管束愈大，分布愈稀疏；维管束包括初生韧皮部和初生木质部，韧皮部在外方，木质部在内方，木质部通常有 3 个导管常排列成“V”字形，木质部和韧皮部之间没有形成层。

3. 茎的次生结构。

茎的次生结构包括以下部分：

（1）表皮：随着茎的增粗，逐渐破碎、断裂、枯萎，其保护作用由周皮代替。

（2）周皮：表皮下方的数层扁平细胞，由木栓层、木栓形成层、栓内层组成。

（3）皮层：由数层染成紫红色的厚角组织和薄壁组织组成。

（4）韧皮部：在皮层与形成层之间，整个轮廓呈梯形，与髓射线的薄壁细胞相间排列。

形成层：实际只有一层细胞组成。由于刚分化出的幼嫩细胞未分化出木质部和韧皮部的细胞，所以看上去有 4~5 层等径排列的扁平薄壁细胞。

木质部：形成层以内被染成红色的部分，所占比例较大主要是外方的次生木质部和内方的较少的初生木质部。

髓：位于茎的中心，除少数的石细胞外，多数为薄壁细胞，外缘有围成的环髓带。一般髓细胞的内含物较丰富，除淀粉和晶簇外，还有单宁和黏液等，所以部分细胞染色较深。

射线：径向排列的薄壁细胞，包括髓射线和微管射线，髓射线的数目随着茎的生长而增加；维管射线的数目是定数，与维管束数相同。

（二）观察茎的初生和次生构造

1. 观察茎的初生构造。

取向日葵茎的横切片，先在低倍镜下观察，可以看见幼茎初生结构有表皮、皮层、维管柱三部分组成初生结构；维管束呈束状、环孔状排列成一圈，束间有髓射线，中央为发达的髓。然后再转换成高倍镜详细观察各部分细胞的组成与结构。

取木本双子叶梨树茎的横切片，先在低倍镜下观察，然后再换高倍镜进行仔细观察，注意比较草本双子叶植物和木本双子叶植物茎的初生结构有何不同。

2. 观察单子叶植物茎的初生构造。

取毛竹茎的横切片，先在低倍镜下观察，可以看见幼茎初生结构有表皮、基本组织、维管束三部分组成初生结构，并了解各部分细胞的结构特点。

3. 茎的次生构造观察。

认真观察椴树茎的次生结构，并了解各个部分细胞的结构特点。

五、注意事项

注意区别木本双子叶植物和草本双子叶植物茎初生结构的。

六、观察结果记录

1. 茎尖的结构观察记录表。

茎尖的结构	主要特征描述
分生区	
伸长区	
成熟区	

2. 观察双子叶植物茎的结构。

（1）双子叶植物茎的初生结构观察记录表。

向日葵茎的初生结构		主要特征描述
表皮		
皮层		
维管柱	维管束	
	髓射线	
	髓	

（2）双子叶植物茎的次生结构观察记录表。

椴树的次生结构	主要特征描述
表皮	
周皮	
皮层	
韧皮部	
形成层	
木质部	
髓	
射线	

3. 单子叶植物茎的初生结构观察记录表。

毛竹茎的初生结构	主要特征描述
表皮	
基本组织	
维管束	

4. 分别绘制出单子叶植物和双子叶植物茎的初生结构图。

七、任务评价

1. 观察茎尖的结构。

序号	考核内容	考核时间	分值	评分标准	考核方法
1	分生区	15分钟	5	特征描述不准确扣2分； 特征描述错误扣3分。	单人考核
2	伸长区		5	特征描述不准确扣2分； 特征描述错误扣3分。	单人考核
3	成熟区		5	特征描述不准确扣2分； 特征描述错误扣3分。	单人考核

2. 观察双子叶植物茎的结构。

（1）观察双子叶植物茎的初生结构。

<table>
<tr><th>序号</th><th colspan="2">考核内容</th><th>考核时间</th><th>分值</th><th>评分标准</th><th>考核方法</th></tr>
<tr><td>1</td><td colspan="2">表皮</td><td rowspan="5">20分钟</td><td>5</td><td>能正确找到表皮得3分；
特征描述正确得2分。</td><td>单人考核</td></tr>
<tr><td>2</td><td colspan="2">皮层</td><td>5</td><td>能正确找到皮层得3分；
特征描述正确得2分。</td><td>单人考核</td></tr>
<tr><td rowspan="3">3</td><td rowspan="3">维管柱</td><td>维管束</td><td>5</td><td>能正确找到维管束得3分；
特征描述正确得2分。</td><td>单人考核</td></tr>
<tr><td>髓射线</td><td>5</td><td>能正确找到髓射线得3分；
特征描述正确得2分。</td><td>单人考核</td></tr>
<tr><td>髓</td><td>5</td><td>能正确找到髓得3分；
特征描述正确得2分。</td><td>单人考核</td></tr>
</table>

（2）观察双子叶植物茎的次生结构。

<table>
<tr><th>序号</th><th>考核内容</th><th>考核时间</th><th>分值</th><th>评分标准</th><th>考核方法</th></tr>
<tr><td>1</td><td>表皮</td><td rowspan="6">20分钟</td><td>3</td><td>能正确找到表皮得2分；
特征描述正确得1分。</td><td>单人考核</td></tr>
<tr><td>2</td><td>周皮</td><td>3</td><td>能正确找到周皮得2分；
特征描述正确得1分。</td><td>单人考核</td></tr>
<tr><td>3</td><td>皮层</td><td>3</td><td>能正确找到皮层得2分；
特征描述正确得1分。</td><td>单人考核</td></tr>
<tr><td>4</td><td>韧皮部</td><td>3</td><td>能正确找到韧皮部得2分；
特征描述正确得1分。</td><td>单人考核</td></tr>
<tr><td>5</td><td>形成层</td><td>3</td><td>能正确找到形成层得2分；
特征描述正确得1分。</td><td>单人考核</td></tr>
<tr><td>6</td><td>木质部</td><td>3</td><td>能正确找到木质部得2分；
特征描述正确得1分。</td><td>单人考核</td></tr>
</table>

（续表）

序号	考核内容	考核时间	分值	评分标准	考核方法
7	髓	20分钟	3	能正确找到髓得2分； 特征描述正确得1分。	单人考核
8	射线		3	能正确找到射线得2分； 特征描述正确得1分。	单人考核

3. 观察单子叶植物茎的初生结构。

序号	考核内容	考核时间	分值	评分标准	考核方法
1	表皮	30分钟	5	能正确找到表皮得3分； 特征描述正确得2分。	单人考核
2	基本组织		5	能正确找到基本组织得3分； 特征描述正确得2分。	单人考核
3	维管束		5	能正确找到维管束得3分； 特征描述正确得2分。	单人考核
4	生物绘图		10	绘图方法正确给5分；能正确反映出观察材料的形态、结构特征给3分，各结构标注正确给1分；线条光滑清晰，粗细均匀给1分。	单人考核
5	结束实验		6	未还原显微镜或未清理实验仪器和实验台，扣2分。	单人考核
6	职业素养		5	实验习惯良好，观察仔细、认真、客观；积极主动，严谨；组员之间相处融洽，热爱生命，热爱自然，爱护卫生给5分。不足之处酌情扣分。	单人考核

任务十　观察茎的变态类型

一、任务目标

认知茎的不同变态类型的生物学意义，学会识别茎的变态类型；养成用心观察身边植物的习惯，能够客观、严谨、科学地分析问题，培养团结协作和积极向上的精神。

二、完成形式

以小组为单位，在教师的指导下每一个同学独立对所给的新鲜标本认真观察并能够识别变态的类型。

三、备品与材料

1. 仪器设备：放大镜每人一台。

2. 材料与工具统计表。

序号	名　称	型号或规格	数量
1	花椒、月季、木瓜、玫瑰、皂荚	枝条30~40cm	8个
2	南瓜、黄瓜	枝条30~40cm	8个
3	蟹爪兰、仙人掌、天门冬	枝条30~40cm	8个
4	藕、芦苇、笋	有节和节间	8个
5	马铃薯、洋姜	有芽眼	8个
6	大蒜、洋葱、百合	有肉质鳞叶	8个
7	荸荠、慈姑、芋头	节上有膜状物	8个

四、任务实施

（一）知识准备

茎的变态可分为地上茎变态和地下茎变态两种类型。

1. 地上茎的变态。

（1）茎刺：茎上有刺，不易折断，刺是由茎转变而来的。

（2）茎卷须：茎细长，不能直立，茎上有卷须，可以攀缘于其他物体之上。

（3）叶状茎：茎和枝退化为叶状，扁平，呈绿色，能进行光合作用。

2. 地下茎的变态。

（1）块茎：有芽眼，呈球形、椭圆形或不规则的块状，贮藏组织特别发达，内贮丰富的营养物质。

（2）鳞茎：呈扁平或圆盘状，有许多肥厚的肉质鳞叶包围着，纵剖可以看到一个缩短的鳞茎。

（3）根状茎：根状茎内贮丰富的营养物质，具有明显的节和节间。

（4）球茎：短而膨大，具有明显节和节间，内含丰富的营养，外有退化的鳞片状叶，呈膜状。

（二）观察茎变态类型

认真观察所给材料，找出具有茎刺、茎卷须、叶状茎、块茎、鳞茎、根状茎、球茎的植物，并举例说明异同。

五、注意事项

1. 认真观察材料的外部特征，找到每一类变态茎的共同特征。注意区别根和地下茎。

2. 在观察的过程中不要破坏变态茎的外部特征。

3. 可根据实际情况选择不同种类的变态茎进行观察，新鲜材料不足时，可用标本和图片代替。

六、观察结果记录表

茎的变态类型	结构特征	列举你知道的其他的变态茎
茎刺		
茎卷须		
叶状茎		
块茎		
鳞茎		
根状茎		
球茎		

七、任务评价

序号	考核内容	考核时间	分值	评分标准	考核方法
1	茎刺	45分钟	10	特征描述完全正确给6分； 举例完全正确4分。	两人考核
2	茎卷须		10	特征描述完全正确给6分； 举例完全正确4分。	两人考核
3	叶状茎		10	特征描述完全正确给6分； 举两例完全正确4分。	两人考核
4	块茎		10	特征描述完全正确给6分； 举例完全正确4分。	两人考核
5	鳞茎		10	特征描述完全正确给6分； 举例完全正确4分。	两人考核
6	根状茎		10	特征描述完全正确给6分； 举例完全正确4分。	两人考核
7	球茎		10	特征描述完全正确给6分； 举例完全正确4分。	两人考核
8	职业素质		10	实验习惯良好，观察仔细、认真、客观；积极主动，严谨；组员之间相处融洽，热爱生命，热爱自然，爱护卫生给10分。不足之处酌情扣分。	两人考核

任务十一　观察叶的组成及叶的形态

一、任务目标

学会用形态术语正确描述叶的外部形态；认知植物叶的组成，常见叶的外部形态特征，能够区别单叶和复叶，能识别常见复叶类型。培养踏实认真、积极主动的学习习惯，严谨、科学地分析问题，具备团结协作的精神。

二、完成形式

以小组为单位，在教师的指导下，每一个同学独立观察不同植物的叶，能够根据叶的特征进行识别和鉴定。

三、备品与材料

1. 仪器设备：放大镜每人一台。

2. 材料与工具统计表。

序号	名　称	型号或规格	数量
1	梨树、桃树、茶树、丁香、松树、水杉、李树、白菜、菱	10~20cm枝条	若干
2	柳树、香樟、女贞、紫荆、冬葵、银杏、藕、油菜	10~20cm枝条	若干
3	鹅掌楸、蚕豆、韭菜、柏树、慈姑	10~20cm枝条	若干
4	菠菜、金盏菊、朴树、玉兰、含笑、樱桃	10~20cm枝条	若干
5	蒲公英、山楂、梧桐、悬铃木、荸荠、铁树、枫叶	10~20cm枝条	若干
6	芭蕉、蒲葵、棕榈、月季、刺槐、皂荚、合欢、秋枫	10~20cm枝条	若干

（续表）

序号	名　称	型号或规格	数量
7	清香木、南天竹、夹竹桃、车前草、雪松、柑橘、蓝桉	10~20cm枝条	若干

四、任务实施

（一）知识准备

各种植物的叶片大小不同，形态各异，是识别植物的重要特征依据。

1. 叶的组成。

植物的叶一般由叶片、叶柄、托叶三部分组成，称为完全叶；如果缺少其中一部分或两部分的称为不完全叶。

2. 叶片的形状。

叶片的形状有线形、针形、剑形、披针形、倒披针形、椭圆形、卵形、倒卵形、圆形、匙形、三角形、菱形、盾形、肾形等形状。

3. 叶尖的形状。

叶尖的形状主要有：渐尖、急尖、钝形、截形、具短尖、微缺、倒心形等。

4. 叶基的形状。

叶基的主要形状有：耳形、箭形、戟形、匙形、偏斜形等形状。

5. 叶缘的形状。

叶缘的形状主要有：全缘、波状、皱缩状、齿状缘、缺裂等形状。

6. 脉序。

叶脉在叶片上呈现出各种有规律的分布称为脉序。脉序主要有平行脉、网状脉和叉状脉。平行脉分直出平行脉、侧出平行脉、射出脉和弧形脉；网状脉分羽状网状脉和掌状网状脉。

7. 单叶和复叶。

一个叶子上只生长一个叶片，称为单叶；一个叶柄上生长两个或两个以上叶片，称为复叶。复叶依小叶排列的不同状态而分为羽状复叶、掌状复叶和三出复叶。羽状复叶又因叶轴分枝与否及分枝情况，而再分为一回、二回、三回和多回羽状复叶。掌状复叶也可因叶轴分枝情况而再分为一回、二回掌状复叶等。复叶除以上 3 种类型外，还有一个叶轴只具 1 个叶片的，称为单身复叶，单身复叶可能是由三出复叶退化而来，叶轴具关节。

（二）观察叶的组成和叶的形态

1. 观察叶的组成。

认真观察梨树、桃树、朱槿、茶树、丁香等植物的叶，找出哪些是完全叶、哪些是不完全叶，并举例说明。

2. 观察叶片的形态。

（1）观察叶形。

认真观察松树、雪松、水杉、韭菜、柳树、桃树、香樟、女贞、菱、紫荆、冬葵等植物的叶，绘出它们的形状，并用文字或语言描述它们的形状。

能够指出线形、针形、剑形、披针形、倒披针形、椭圆形、卵形、倒卵形、圆形、匙形、三角形、菱形、盾形、肾形等形状的植物叶片。

（2）观察叶尖。

认真观察柳树、杏树、女贞、厚朴、鹅掌楸、蚕豆等植物叶的先端，用文字或语言描述叶片先端的形状。

能够找出先端渐尖、急尖、钝形、截形等形状的植物叶片。

（3）观察叶基。

认真观察慈姑、菠菜、金盏菊、秋海棠、朴树等植物叶的叶基，用文字或语言描述叶基的形状。

能够找出先端耳形、箭形、戟形、匙形、偏斜形等形状的植物叶片。

（4）观察叶缘。

认真观察女贞、丁香、玉兰、含笑、胡秃子、甘蓝、野樱桃、蒲公英、梧桐、悬铃木、枫叶等植物叶的叶缘，用文字或语言描述叶缘的形状。

能够找出叶缘是全缘、波状、皱缩状、齿状缘、缺裂等形状的植物叶片。

（5）观察叶脉。

认真观察水稻、小麦、芭蕉、蒲葵、棕榈、车前草、女贞、桃树、李树、银杏等植物叶的叶脉，用文字或语言描述叶脉的形状和分布特点。

3. 观察单叶和复叶。

认真观察杨树、柳树、桃树、桑树、蓖麻等植物叶的叶片，用文字或语言描述一个叶柄上叶的数量特征。认真观察花生、蚕豆、槐树、三叶草、月季等植物叶的叶片，用文字或语言描述一个叶柄上叶的数量特征。

4. 观察羽状复叶、掌状复叶、三出复叶、单身复叶。

认真观察南酸枣、月季、刺槐、落花生、皂荚、南天竹、七叶树、橡胶、秋枫、橙子、柚子等植物叶的叶片，用文字或语言描述小叶着生的特征。

六、观察结果记录表

1. 叶的组成。

以某一植物叶片（完全叶）为例，绘制出叶的组成图，并将材料中的叶片进行特征描述，分类填入下表。

类别	特征描述	植物名称
完全叶		
不完全叶		

2. 观察记录叶片的形态。

叶片的形状	特征描述	植物名称
针形		
线性		
披针形		
椭圆形		
卵形		
菱形		
心形		
肾形		
……		

3. 观察记录叶尖的形状。

叶尖的形状	特征描述	植物名称
渐尖		
急尖		
钝形		
截形		
具短尖		
具骤尖		
微缺		
倒心形		

4. 观察记录叶基的形状。

叶基的形状	特征描述	植物名称
耳形		

（续表）

叶基的形状	特征描述	植物名称
箭形		
截形		
匙形		
偏斜形		
心形		
钝形		
……		

5. 观察记录脉序。

脉序	特征描述	植物名称
羽状网状脉		
掌状网状脉		
直出平行脉		
侧出平行脉		
射出脉		
弧形脉		
叉状脉		

6. 观察记录单叶和复叶。

叶的分类			特征描述	植物名称
单叶				
复叶	羽状复叶	奇数羽状复叶		
		偶数羽状复叶		
		一回羽状复叶		
		二回羽状复叶		
		三回羽状复叶		
	掌状复叶			
	三出复叶			

七、任务评价

1. 叶的组成。

序号	考核内容	考核时间	分值	评分标准	考核方法
1	叶片	25分钟	5	特征描述完全准确得2分； 位置指对得3分。	单人考核
2	叶柄		5	特征描述完全准确得2分； 位置指对得3分。	单人考核
3	托叶		5	特征描述完全准确得2分； 位置指对得3分。	单人考核
4	完全叶		5	特征描述完全准确得2分； 位置指对得3分。	单人考核
5	不完全叶		5	特征描述完全准确得2分； 位置指对得3分。	单人考核
6	绘图		5	绘图方法正确，得2分； 线条光滑清晰、比例得当、图美观、整洁得2分； 各组成名称标注正确得1分。	单人考核

2. 观察叶片的形态。

序号	考核内容	考核时间	分值	评分标准	考核方法
1	叶形	20分钟	5	特征描述完全准确得2分； 位置指对得3分。	单人考核
2	叶尖		5	特征描述完全准确得2分； 位置指对给3分。	单人考核
3	叶缘		5	特征描述完全准确给2分； 位置指对给3分。	单人考核
4	叶基	20分钟	5	特征描述完全准确给2分； 位置指对给3分。	单人考核
5	叶脉		5	特征描述完全准确给2分； 位置指对给3分。	单人考核

3. 观察单叶和复叶。

序号	考核内容	考核时间	分值	评分标准	考核方法
1	单叶	30分钟	8	特征描述完全准确4分； 叶片识别完全正确4分。	单人考核
2	复叶		8	特征描述完全准确4分； 叶片识别完全正确4分。	单人考核
3	羽状复叶		8	特征描述完全准确4分； 叶片识别完全正确4分。	单人考核
4	掌状复叶		8	特征描述完全准确4分； 叶片识别完全正确4分。	单人考核
5	三出复叶		8	特征描述完全准确4分； 叶片识别完全正确4分。	单人考核
6	职业素质		5	实验习惯良好，观察仔细、认真、客观；积极主动，严谨；组员之间相处融洽，热爱生命，热爱自然，爱护卫生给5分。不足之处酌情扣分。	单人考核

任务十二 观察叶的解剖构造

一、任务目标

认知双子叶植物、单子叶植物、裸子植物叶的构造特点，学会观察识别叶的基本结构，并能够找出双子叶植物、单子叶植物、裸子植物叶的区别，养成用心观察身边植物的意识，培养良好的实验习惯，科学、客观、严谨、分析问题，具备团结协作的精神。

二、完成形式

以小组为单位，在教师的指导下，每一个同学独立在显微镜下观察双子叶植物、单子叶植物、裸子植物叶的解剖结构切片。

三、备品与材料

1. 仪器设备：显微镜每人一台。

2. 材料与工具统计表。

序号	名 称	型号或规格	数量
1	紫丁香叶的切片	永久制片	若干
2	毛竹叶的切片	永久制片	若干
3	云南松叶的切片	永久制片	若干

四、任务实施

（一）知识准备

1. 双子叶植物叶片的结构。

双子叶植物叶片的内部结构通常分为表皮、叶肉和叶脉三部分。

（1）表皮：位于叶的最外层，有上下表皮，表皮细胞排列整齐而紧密，横切面呈长方形，外壁覆盖着角质层，有明显的细胞核，由表皮细胞、表皮附属物、气孔器、排水器等结构组成。

（2）叶肉：位于上下表皮之间，是绿色的同化组织，叶内的绿色组织，有栅栏组织、海绵组织的分化。

（3）叶脉：是叶肉中的维管组织和机械组织，从主脉到侧脉再到脉稍，维管组织逐渐简化，叶内维管束主要作用是疏导水分、无机盐和养料，并对叶肉组织起机械支持作用。

2. 单子叶植物叶片的结构（以竹叶为例）。

（1）表皮：表皮细胞除外壁角质化外，还有硅质和酸质。在相邻两叶脉之间的上表皮有大型薄壁细胞，称为泡状细胞。

（2）叶肉：叶肉细胞靠上表皮的为圆柱形，排列整齐，下方的现状不一样，细胞壁向内折叠。

（3）叶脉：叶脉平行排列于叶肉组织中，维管束鞘分为两层，外层是薄壁细胞，内层为厚壁细胞。

3. 裸子植物叶片的结构。

（1）表皮系统：包括表皮和下皮层。表皮细胞壁厚，腔小，排列紧密，覆盖一层角质。在表皮以内，有一层或多层厚壁细胞组成的下皮层。气孔下陷到下皮层内，有一对保卫细胞和一对副卫细胞组成，内陷的气孔则形成气腔。

（2）叶肉：指下皮层以内，内皮层以外的一种同化组织，其细胞壁内褶，富含叶绿体，细胞壁内褶扩大光合作用面积。树脂道的位置根据种的不同而异。

（3）维管组织：通常有两束，居于叶的中央，木质部在近轴面，韧皮部在远轴面。初生木质部由管胞和薄壁组织组成，初生韧皮部有筛胞和薄壁细胞组成。

（二）观察叶的结构

1. 观察双子叶植物叶的切片的结构。

在显微镜下观察紫丁香叶的切片，先在低倍镜下分清表皮、叶肉、叶脉等结构，再换高倍镜观察。

2. 观察单子叶植物叶片的结构。

在显微镜下观察毛竹叶的切片，先在低倍镜下分清表皮、叶肉、维管束等结构，然后再换高倍镜观察。

3. 观察裸子植物叶片的结构。

裸子植物的叶呈针形、短披针形、鳞片状，取松针叶横切片先在低倍镜下分清表皮系统、叶肉、维管组织等结构，然后再换高倍镜观察。

（三）生物绘图

绘制双子叶植物、单子叶植物、裸子植物叶的解剖结构简图。

五、注意事项

先在低倍镜下观察区分出表皮、叶肉、叶脉三部分，再换高倍镜观察。注意区别双子叶植物、单子叶植物、裸子植物叶的结构。

六、观察结果记录表

1. 双子叶植物叶的切片的结构观察记录表。

双子叶植物叶的切片结构	结构特征
表皮	
叶肉	
叶脉	

2. 单子叶植物叶的切片的结构观察记录表。

单子叶植物叶的切片结构	结构特征
表皮	
叶肉	
叶脉	

3. 裸子植物叶的切片的结构观察记录表。

裸子植物叶的切片的结构	分结特征
表皮系统	
叶肉	
维管组织	

4. 用简图表示双子叶植物叶（异面叶）和单子叶植物叶（等面叶）在解剖构造上的区别。

七、任务评价

1. 观察双子叶植物叶的切片的结构。

序号	考核内容	考核时间	分值	评分标准	考核方法
1	表皮	15分钟	5	特征描述准确给3分； 位置表达清楚给2分。	单人考核
2	叶肉		5	特征描述准确给3分； 位置表达清楚给2分。	单人考核
3	叶脉		5	特征描述准确给3分； 位置表达清楚给2分。	单人考核

2. 观察单子叶植物叶的切片的结构。

序号	考核内容	考核时间	分值	评分标准	考核方法
1	表皮	15分钟	5	特征描述准确给3分； 位置表达清楚给2分。	单人考核
2	叶肉		5	特征描述准确给3分； 位置表达清楚给2分。	单人考核
3	叶脉		5	特征描述准确给3分； 位置表达清楚给2分。	单人考核

3. 观察裸子植物叶的切片的结构。

序号	考核内容	考核时间	分值	评分标准	考核方法
1	表皮系统	45分钟	5	特征描述准确给3分； 位置表达清楚给2分。	单人考核
2	叶肉		5	特征描述准确给3分； 位置表达清楚给2分。	单人考核
3	维管组织		5	特征描述准确给3分； 位置表达清楚给2分。	单人考核
4	生物绘图		30	绘图方法正确给15分；能正确反映出观察材料的形态、结构特征给10分；各结构标注正确给3分；线条光滑清晰，粗细均匀给2分。	单人考核
5	职业素养		10	实验习惯良好，观察仔细、认真、客观；积极主动，严谨；组员之间团结合作、协调、实验结束后积极清理实验室，爱护卫生给10分。不足之处酌情扣分。	单人考核

任务十三　观察叶的变态类型

一、任务目标

认知叶的不同变态类型的生物学和生态学意义，学会识别叶的变态类型；养成良好的观察习惯，能够客观、严谨、科学地分析问题，培养积极向上的精神。

二、完成形式

以小组为单位，在教师的指导下，在实验室或野外，每一个同学独立对新鲜植物标本认真观察，并能够识别叶的变态类型。

三、备品与材料

1. 仪器设备：放大镜每人一台。

2. 材料与工具统计表。

序号	名　称	型号或规格	数量
1	叶子花、鸽子花	枝条10~20cm	8个
2	百合、荸荠、大蒜、洋葱、芋头		8个
3	杨树、胡桃	枝条10~20cm	8个
4	豌豆、西葫芦	枝条10~20cm	8个
5	仙人球、刺槐、粉叶小蘗		8个
6	猪笼草	有花的枝条	8个

四、任务实施

（一）知识准备

叶的变态主要有以下几种类型：

1. 苞片和总苞。

生在花柄上，长在花下面的变态叶，称为苞片。苞片一般较小，绿色，也有大型呈各种颜色的。苞片数多而聚生在花序外围的，称为总苞。

2. 鳞叶。

叶的功能特化或退化成鳞片状。芽鳞有保护芽的作用，生于木本植物的鳞芽外，通常为褐色，具有茸毛或黏液；肉质鳞叶出现在鳞茎上，贮藏有丰富的养料；膜质鳞叶呈褐色干膜状，是退化的叶。

3. 叶卷须。

叶的一部分变成卷须状，有攀缘的作用。

4. 叶刺。

叶或叶的一部分（如托叶）变成刺状，叶刺对植物具有保护功能。

5. 捕虫叶。

食虫植物的部分叶可特化成呈瓶状、囊状及其他形状，瓶的下部有水样消化液，瓶的内壁光滑，有倒生的刺毛，瓶口有倒刺及内卷结构，外有一个滑的瓶盖，并有蜜腺分布。当虫子为蜜所引，爬至瓶口，不小心就会滑进瓶内，被消化吸收。

（二）观察叶的变态类型

每一个小组的同学根据所提供的材料，认真观察变态叶，要求能准确识别出叶的变态类型，并能描述其特征。

五、注意事项

根据各地的实际情况选择不同的植物变态叶来进行观察；新鲜标本不足，可用腊叶标本或图片替代。

六、观察结果记录表

叶的变态类型观察记录表。

叶的变态类型	外部结构特征	植物名称
苞片和总苞		
鳞叶		
叶卷须		
叶刺		
捕虫叶		

七、任务评价

序号	考核内容	考核时间	分值	评分标准	考核方法
1	苞片和总苞	45分钟	17	特征描述正确给8分； 举例至少3例，每个给3分。	单人考核
2	鳞叶		17	特征描述正确给8分； 举例至少3例，每个给3分。	单人考核
3	叶卷须		17	特征描述正确给8分； 举例至少3例，每个给3分。	单人考核
4	叶刺		17	特征描述正确给8分； 举例至少3例，每个给3分。	单人考核
5	捕虫叶		17	特征描述正确给8分； 举例至少3例，每个给3分。	单人考核
6	结束实验		5	未收拾实验仪器和清洁实验台面，扣5分。	单人考核
7	职业素养	45分钟	10	实验习惯良好，观察仔细、认真、客观；积极主动，严谨；组员之间团结合作、协调给10分。不足之处酌情扣分。	单人考核

任务十四　观察花的形态、组成及结构

一、任务目标

认知被子植物花的外部形态及其各组成部分的特征、花的形态；花的主要结构类型，并能够识别花冠类型、雄蕊类型、胎座类型。养成科学客观、严谨的学习态度；培养分析能力及团队协作精神，树立爱护植物、保护环境的意识。

二、完成形式

学生利用所学知识以小组为单位，在教师的指导下观察花的形态、组成及结构。

三、备品与材料

1. 仪器设备：解剖镜每人一台。

2. 材料与工具统计表。

序号	名　称	型号或规格	数量
1	载玻片、盖玻片		若干
2	放大镜		各1个
3	镊子、解剖针、解剖刀		各1把
4	培养皿		1个
5	各类植物的花：蚕豆花（豌豆花）、百合花、棉花（木槿花）、刺槐花、桃花、梨花、黄瓜花、益母草花、牵牛花、苹果花、玉兰花、睡莲花、马齿苋花、菊花、吊钟花、一串红、向日葵、珍珠梅等		若干

四、任务实施

（一）知识准备

一朵完全的花可分为花柄、花托、花萼、花冠、雄蕊群、雌蕊群等六部分，如图 1—3。

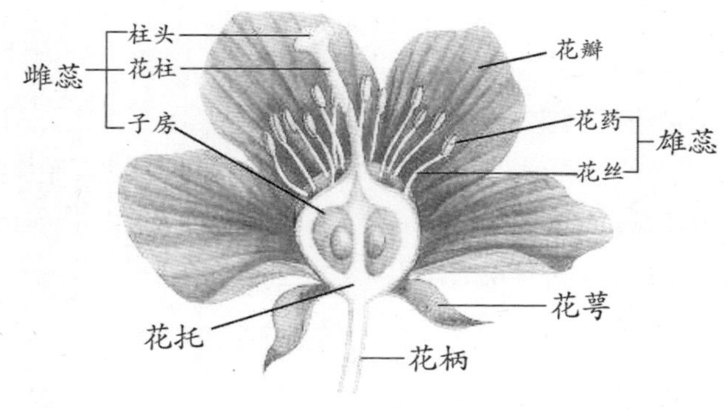

图 1—3 花的解剖图

1. 花柄。

花柄是特化的小枝，是花与茎的连接通道。

2. 花托。

花托是花柄顶端着生着花萼、花冠、雄蕊群和雌蕊群的部分。

3. 花萼。

花萼位于花的最外轮，由若干萼片组成，其结构和色泽与叶相似，各自分离或多个联合。萼片完全分离的称离萼，萼片合生的称合萼。

4. 花冠。

花冠位于花萼内轮，由若干花瓣组成，排为 1 轮或几轮。花冠的形状多样，如图 1—4。

十字花冠：花瓣 4 片，具爪，排列成十字形，为十字花科植

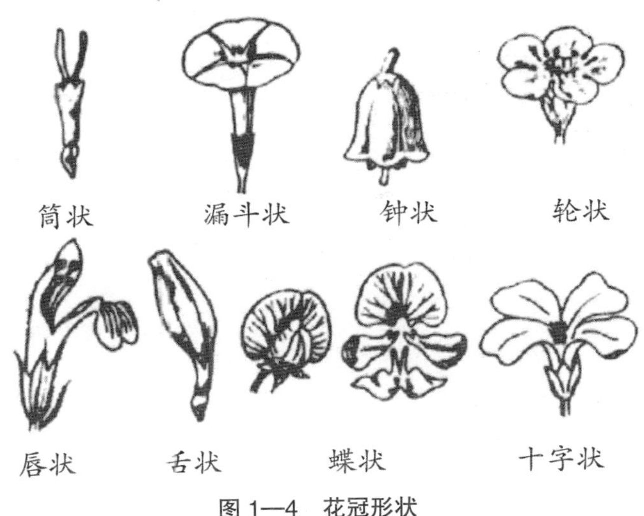

图 1—4　花冠形状

物的典型花冠类型。

蝶形花冠：花瓣 5 片，覆瓦状排列，最上一片最大，称为旗瓣；侧面两片通常较旗瓣小，称为翼瓣；最下两片其下缘稍合生，称龙骨瓣；常见于豆科植物。

唇形花冠：花冠下部合生成管状，上部向一边张开，状如口唇，上唇常 2 裂，下唇常 3 裂。

漏斗状花冠：花冠下部合生成筒状，向上渐渐扩大成漏斗状。

管状花冠：花冠大部分合生成一管状或圆筒状。

舌状花冠：花冠基部合生成一短筒，上部合生向一侧展开如扁平舌状。

钟状花冠：花冠合生成宽而稍短的筒状，上部裂片扩大成钟状。

5. 雄蕊群。

一朵花内所有的雄蕊总称为雄蕊群。雄蕊由花丝和花药两部分构成。雄蕊群中，根据花丝和花药的分离或连合，以及花丝的长短分为以下几种类型，如图 1—5。

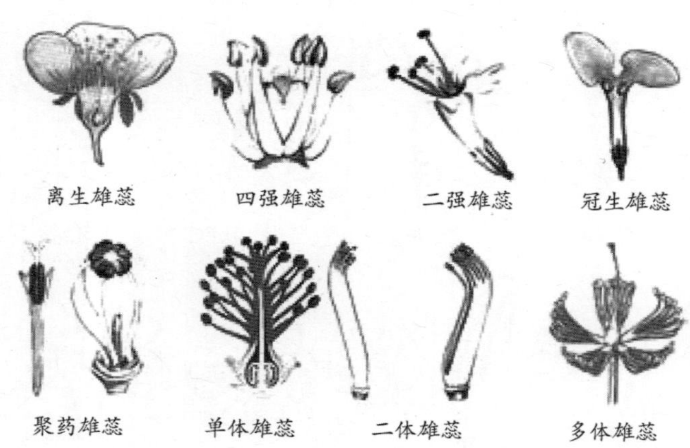

图 1—5 雄蕊类型

离生雄蕊：一花中有多数雄蕊而彼此分离。

单体雄蕊：一花中有 10 至多数雄蕊，其花丝连合成一束，组成花丝筒，花药分离。

二体雄蕊：一花中 10 枚雄蕊的花丝连合成二束，其中 9 枚花丝连合成一束，另一枚雄蕊单独分离，或者每束 5 枚。

多体雄蕊：一花中的多数雄蕊的花丝连合成数束。

四强雄蕊：一花中有 6 枚雄蕊，外轮的 2 枚花丝较短，内轮的 4 枚花丝较长。

二强雄蕊：一花中有 4 枚雄蕊，2 枚较长，2 枚较短。

聚药雄蕊：一花中雄蕊的花丝分离，花药贴合成筒状。

6. 雌蕊群。

一朵花内所有的雌蕊总称为雌蕊群。雌蕊通常分化为柱头、花柱、子房三部分。雌蕊由变态的叶卷和而成，这种变态的叶称为心皮，心皮是构成雌蕊的基本单位，心皮的数目，常作为分类的依据。心皮数目与联合状况的不同产生了多种胎座类型。

边缘胎座：单心皮，子房 1 室，胚珠生于腹缝线上。

侧膜胎座：两个以上的心皮所构成的 1 室子房或假数室子房，胚珠着生于心皮的边缘。

中轴胎座：多心皮合生，子房多室，心皮的腹缝线向内卷入在中央融合形成中央轴，胚珠着生于每一心皮的中轴上。

特立中央胎座：多心皮合生，子房 1 室，中轴由子房腔的底部升起，但不达于子房顶，胚珠着生于此轴上。

基生胎座：胚珠着生于子房底部。

顶生胎座：胚珠着生于子房顶部而悬垂室中。

每一个心皮一般卷合成一个腔室，称为子房室。从子房和其他花叶的位置关系可将子房分为下列三个类型，如图 1—6。

子房上位（下位花）：子房仅底部与花托相连。

子房半下位（周位花）：子房有一半左右与杯状花托或花管相贴生，花的其他部分着生在子房的周围，故为子房半下位，其花为周位花。

子房下位（上位花）：凹陷的花托包围子房壁并与之愈合，仅花柱和柱头露在花托外。

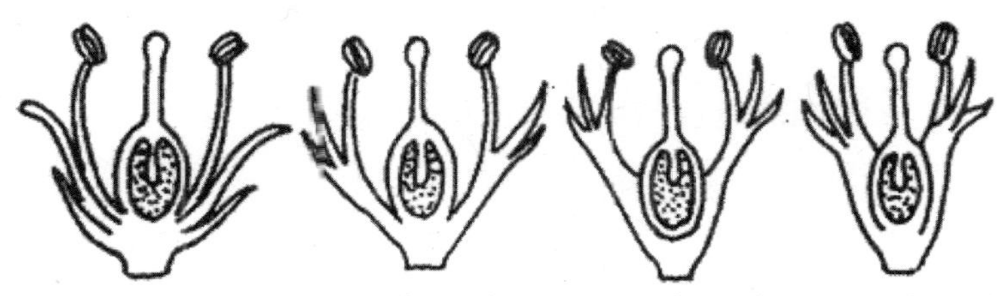

图 1—6 子房位置

（二）花的各部观察

取新鲜的实验材料解剖观察，分别由外向内、由下向上逐层剥离，依次置于培养皿或干净的白纸上，用解剖镜观察各种花的横切面，观察各部分形态和数量。

1. 以蚕豆花（豌豆花）、百合花为例，分别观察花的各组成部分。

花柄：注意长短。

花萼：注意萼片的数目、颜色、形态、分离或连合。

花托：注意花托的形态。

花冠：注意花瓣的数目、颜色、形态、大小、是否连合。

雄蕊群：注意雄蕊群的数目、是否连合，区别花丝和花药、属于何种雄蕊类型。

雌蕊群：注意观察柱头、花柱、子房三个组成部分；观察心皮、子房室、胎座情况。

2. 观察材料中所提供的花的对称情况、子房位置、花冠形状、雄蕊特征、胎座形式等。

五、注意事项

1. 实验材料根据各地情况酌情选取。

2. 如无新鲜材料，可用浸制的标本代替。

六、结果记录表（根据实验用花或标本）

根据实验材料，将观察结果填入下表：

序号	花名	花冠形状	雄蕊类型	雌蕊	子房位置	胎座类型
1						
2						
3						
4						
5						

（续表）

序号	花名	花冠形状	雄蕊类型	雌蕊	子房位置	胎座类型
6						
7						
8						
9						
10						
11						
12						
13						
14						
15						

七、任务评价

序号	考核内容	考核时间	分值	评分标准	考核方法
1	外部形态	40分钟	25	教师任取实验用花5种（具代表性），能正确分清5种花的组成和解剖构造，给25分；能正确分清4种，给20分；能分清3种，给15分；3种以下，给10分；能分清1种，给5分以下。	两人考核
2	花冠形状		25	教师任取实验用花或挂图进行考核，10种常见的花冠类型，能正确分清10种花冠类型，为25分；能正确分清8种，给20分；能分清6种，给15分；分清5种，给10分；分清3种，给5分；3种以下，给5分以下。	两人考核
3	雄蕊类型		20	教师任取实验用花或挂图进行考核，6种常见的雄蕊类型，能正确分清6种雄蕊类型，给20分；能正确分清5种，给15分；能分清4种，给10分；3种给5分；2种以下，给5分以下。	两人考核

（续表）

序号	考核内容	考核时间	分值	评分标准	考核方法
4	胎座类型	40分钟	20	教师利用挂图进行考核，6种常见的胎座类型，能正确分清6种胎座类型，给20分；能正确分清5种，给15分；能分清4种，给10分；3种给5分；2种以下，给5分以下。	两人考核
5	职业素养		10	实验习惯良好，观察仔细、认真、客观；积极主动，严谨；组内团结合作、能发现问题和分析问题给10分。不足之处酌情扣分。	两人考核

任务十五　观察花序类型

一、任务目标

通过实训，能够识别常见的花序类型及其特征。培养科学客观、严谨的分析能力及团结协作能力。

二、完成形式

以小组为单位，学生利用所学知识，在教师的指导下对给出的花序类型进行逐一识别，可在森林植物实训室或野外开展。

三、备品与材料

序号	名　称	型号或规格	数量
1	放大镜		各1个
2	镊子、解剖针、解剖刀		各1把
3	培养皿		1个
4	当地所产的各类植物花序：小麦穗、葡萄花序、玉米花序、金鱼草、油菜（荠菜）花序、车前花序、柳树花序、天南星花序、胡萝卜花序、菊花、石竹花序、无花果、唐菖蒲花序、萱草花序、樱花花序、梨花花序、马蹄莲等。		若干

四、任务实施

（一）知识准备

1. 无限花序。

花一般由花序轴下面先开，渐次向上，同时花序轴不断增长，或者花由边缘先开，逐渐趋向中心，如图 1—7。

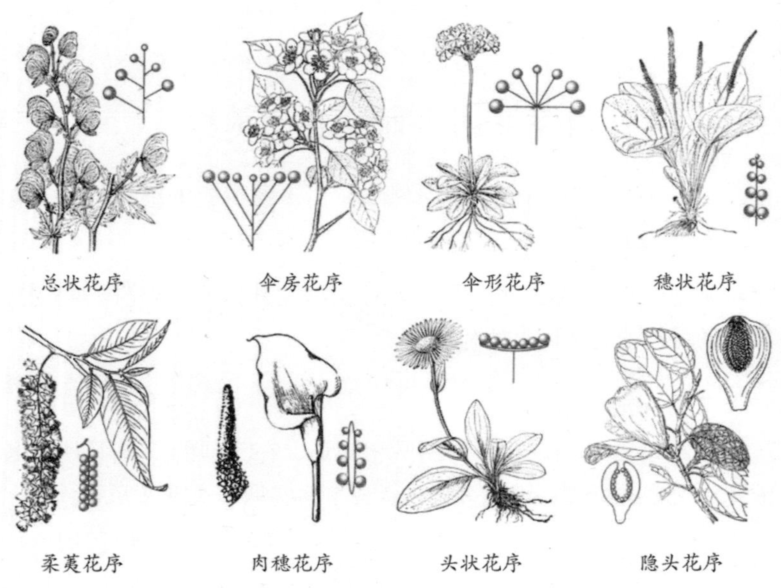

图 1—7　无限花序类型图

（1）总状花序：花轴不分枝，较长，自下而上依次着生许多有柄小花，各小花花柄等长，开花顺序由下而上。

（2）伞房花序：花轴不分枝、较长，其上着生的小花花柄不等长，下部的花花柄长，上部的花花柄短，开花顺序由外向内。

（3）伞形花序：花轴缩短，大多数花着生在花轴顶端，每朵小花的花柄基本等长，开花的顺序是由外向内。

（4）穗状花序：花轴直立，其上着生许多无柄小花。

（5）葇荑花序：花轴较软，其上着生多数无柄或具短柄的单性花，花序柔韧，下垂或直立。

（6）肉穗花序：花轴直立，肥厚而肉质化，其上着生多数单性的无柄小花。

（7）头状花序：花轴极度缩短并扩展，全形呈头状，其上着生多数无柄的花。

（8）隐头花序：花轴特别肥大而呈凹陷状，愈合形成肉质的花座，很多无柄小花着生在凹陷的腔壁上。

2. 复合花序。

（1）圆锥花序：花轴有分枝，每 1 小枝自成 1 总状花序，整个花序由许多小的总状花序组成，故又称复总状花序。

（2）复伞形花序：花轴顶端丛生若干长短相等的分枝，每 1 分枝又自成 1 伞形花序。

（3）复伞房花序：花轴具伞房状排列的分枝，每 1 分枝又自成 1 个伞房花序。

（4）复穗状花序：花轴有 1 或 2 次分枝，每 1 分枝自成 1 穗状花序。

3. 有限花序。

花序主轴顶端先开一花，因此主轴的生长受到限制，而由侧轴继续生长，但侧轴上也是顶花先开放，故其开花的顺序为由上而下或由内向外，如图 1—8。

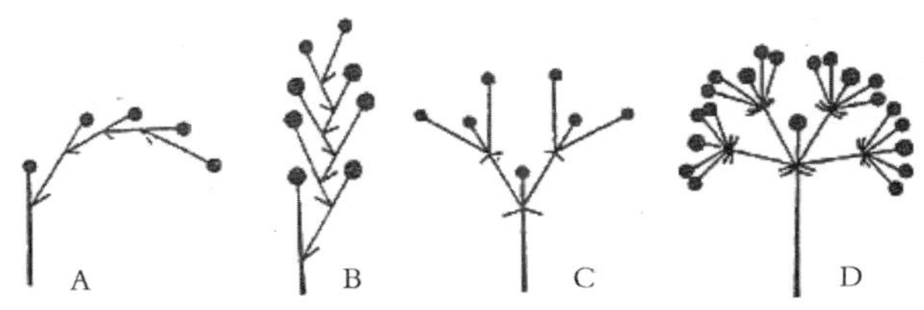

图 1—8　有限花序的类型

A、B：单歧聚伞花序（A：螺状聚伞花序；B：蝎尾状聚伞花序）

C：二歧聚伞花序；D：多歧聚伞花序

（1）单歧聚伞花序：主轴顶端先生一花，然后在顶花的下面主轴的一侧形成一侧枝，同样在枝端生花，所以整个花序是一个合轴分枝。根据分枝方式不同又分为：蝎尾状聚伞花序和螺状聚伞花序。

（2）二歧聚伞花序：花序轴顶花先开，在其下方生出两个等长的分枝，每分枝又以同样方式继续开花和分枝，称二歧聚伞花序。

（3）多歧聚伞花序：主轴顶端发育一花后，顶花下的主轴上又分出三个以上的分枝，各分枝又自成一小聚伞花序。

（二）观察花序类型

根据所提供的材料，观察其花序类型、形状和构造，区分无限花序、有限花序和复合花序，并画出各类型花序的简图。

五、注意事项

本次实训如果条件允许最好在野外进行。如果在实验室进行，实验材料可根据各地情况酌情选取，并尽量多的涵盖所学的花序类型，不足的部分可用挂图展示，材料中所列的种类仅供参考。

六、结果记录表

1. 根据实验材料，将观察结果填入下表：

序　号	花　名	花序类型
1		
2		
3		
4		
5		
6		
7		
8		
9		
10		
11		

（续表）

序　号	花　名	花序类型
12		
13		
14		
15		

2. 绘制每个花序类型的简图。

七、任务评价

序号	考核内容	考核时间	分值	评分标准	考核方法
1	无限花序	80分钟	48	教师任取实验用花或利用挂图进行考核（尽量涵盖8种类型），每识别对一个花序类型得4分，每绘制正确一个花序简图得2分。	单人考核
2	有限花序		40	教师任取实验用花或利用挂图进行考核（尽量涵盖3种类型），每识别对一个花序类型得4分，每绘制正确一个花序简图得4分。	单人考核
3	职业素养		12	实验习惯良好，观察仔细、认真、客观；积极主动，严谨；组内团结合作、能发现问题和分析问题给12分。不足之处酌情扣分。	单人考核

任务十六　观察果实的组成、构造和类型

一、任务目标

认知果实的基本形态、特征、果实主要类型和结构；学会分辨各种果实的类型。养成科学客观、严谨的学习态度，培养分析能力及团结协作能力。

二、完成形式

学生以小组为单位，在教师的指导下解剖果实后要独立观察。每个学生利用所学知识，对实验室陈列的各种果实进行观察，指出每一种果实的类型。

三、备品与材料

1. 材料与工具统计表

序号	名　称	型号或规格	数量
1	镊子、解剖针、解剖刀		各1套
2	各类植物的果实：桃、花生、蚕豆、玉米、蒲公英、苹果、梨、小麦、板栗、草莓、桑葚、菠萝、番茄、李子、西葫芦、山楂、柑橘、木瓜、花椒、八角、茴香、辣椒、无花果、龙眼、元宝槭、向日葵、油菜等		若干

四、任务实施

（一）知识准备

1. 果实的结构。

果实根据其是否单纯由子房发育而成，将果实分为真果和假

果。单纯由子房发育而成的果实为真果；由子房和花的其他部分发育而成的果实为假果。真果一般可分为外果皮、中果皮和内果皮三层结构；假果的结构较真果复杂，除由子房壁发育而成的果皮部分外，还有花的其他成分。

2. 果实的类型。

（1）单果。

每朵花中一个单雌蕊或复雌蕊参与形成的果实，按果皮肉质干燥与否，可分为肉果和干果两大类。

①肉果。

浆果：果皮除表面几层细胞外，一般柔嫩，肉质多汁。

核果：外果皮薄，中果皮厚，多肉质化，内果皮木化或石质化。

梨果：肉质食用的大部分“果”肉是花托形成，内果皮木质化，为蔷薇科梨亚科植物所特有。

柑果：外果皮革质，有许多挥发油囊，中果皮疏松髓质，有的与外果皮结合不易分离。

内果皮呈囊瓣状，其壁上长有许多肉质的汁囊，为芸香料植物所特有。

瓠果：果实外层（花托和外果皮）坚硬，中果皮和内果皮肉质化，胎座也肉质化，葫芦科植物所特有。

②干果。

果实成熟后，果皮干燥。分为裂果和闭果。

a. 裂果类。

荚果：由单雌蕊上位子房发育而成，边缘胎座，为豆目（或豆科）植物所特有。

蓇葖果：由单雌蕊的上位子房发育而成，果实成熟后常在腹缝线或背缝线开裂。

角果：由 2 心皮的复雌蕊发育而成，侧膜胎座，为十字花科植物所特有。

蒴果：由 2 个以上心皮的复雌蕊发育而成，有数种胎座式，果实成熟后有不同开裂方式。

b. 闭果类。

坚果：果皮坚硬，常木化，外常有壳斗。

瘦果：由 1~3 心皮组成，内含 1 粒种子，果皮与种皮分离。

翅果：由 2 心皮组成，瘦果状，果皮坚硬，常向外延伸成翅，有利于果实的传播。

颖果：果皮和种皮合生，不能分离。为禾本科植物所特有。

胞果：由合生心皮形成的一类果实，具 1 粒种子，成熟时干燥而不开裂。

双悬果：由 2 心皮的子房发育而成的果实。成熟后心皮分离成两瓣，并悬挂在中央果柄的上端，种子仍包于心皮中，以后脱离。伞形科植物的果实，多属于这一类型。

（2）聚合果。

由一朵花的雌蕊所有离生心皮形成的果实群。每一离生心皮所形成的小果实的类可分：聚合瘦果、聚合蓇葖果、聚合核果、聚合翅果、聚合浆果。

（3）聚花果。

由整个花序组成果实，故又称花序果或复果。

（二）观察果实结构和类型

1. 以桃果实为例，观察真果的组成和结构：注意观察外果皮、中果皮和内果皮。

2. 以苹果新鲜果实为例，观察假果的组成和结构：注意观察纵切面和横切面。

3. 果实类型的观察。

根据所提供的材料，分别观察肉质果（浆果、瓠果、柑果、核果、

梨果）和干果（裂果类：荚果、蓇葖果、蒴果、角果；闭果类：瘦果、颖果、翅果、坚果、双悬果、胞果）

4. 聚合果的观察：以草莓、玉兰等的果为例观察。

5. 聚花果的观察：以桑葚、无花果等的果为例观察。

五、注意事项

1. 实验材料根据各地情况酌情选取；列表中所列的材料只作为参考。

2. 各种果实尽量齐全即可，若无新鲜可用果实，可用挂图或图片代替。

六、结果记录表

根据实验材料，将观察结果填入下表：

果实类型	植物名称
浆果	
瓠果	
柑果	
核果	
梨果	
荚果	
蓇葖果	
蒴果	
角果	
瘦果	
颖果	
翅果	
坚果	
双悬果	
胞果	

七、任务评价

序号	考核内容	考核时间	分值	评分标准	考核方法
1	各果实类型	40分钟	80分	教师任取实验用果实或利用挂图25种进行考核，（尽量涵盖单果、聚花果和聚合果类型）；能正确分清25种果实类型，给80分，能分清20~25种，给70分；能分清15~20种，给60分；10~15种，给50分；5~10种，给40分；3~5种，给10分；1~3种，给5分。	单人考核
2	职业素养		20分	观察仔细、认真、客观；积极主动，严谨；组内团结合作、能发现问题和分析问题、热爱植物、爱护环境给10分。不足之处酌情扣分。	单人考核

项目二

植物生理知识的认知

任务一　呼吸速率的测定（广口瓶法）

一、任务目标

明确广口瓶法测定植物呼吸速率的原理，学会用广口瓶法测定植物呼吸速率的方法。

掌握植物呼吸速率指标与植物器官（植物体）生理代谢活动的关系。养成良好的实验安全意识和规范操作习惯，科学、客观、严谨、分析问题的能力及团结协作精神。

二、完成形式

以小组为单位（2 人为一组），在教师的指导下独立完成实验材料的选取，呼吸装置的制备，空白（对照）滴定，呼吸速率样品的滴定，呼吸速率的计算、分析。

三、备品与材料

药品、用具与材料统计表（按 2 人一组计算）

序号	名　称	型号或规格	数量
1	药物天平或电子秤		1台/每大组
2	广口瓶（带孔胶塞）	500mL	3个
3	钠石灰管		1支
4	纱布小袋或尼龙纱小篮		2个
5	线、透明胶		适量
6	酸、碱式滴定管		各1支
7	滴定架		1个
8	量筒	50mL	2个
9	容量瓶	1000mL	2个

（续表）

序号	名 称	型号或规格	数量
10	滴定瓶	100mL	1个
11	1/44（mol/L）草酸溶液	1000mL	1个
12	1/20（mol/L）氢氧化钡溶液	1000mL	1个
13	1%酚酞指示剂	50mL	
14	某种常见植物干种子和发芽种子		10～15g
15	同一植物的新鲜茎、叶、花或果		10～15g

四、任务实施

（一）知识准备

呼吸作用是指生活细胞中的有机物质在一系列酶的作用下逐步氧化分解，同时释放能量的过程。呼吸作用是所有生物细胞的共同特征。植物的呼吸作用随植物的种类、年龄、器官和组织的生理状态的不同而不同，也受到温度、气体等外界因素的影响。表示呼吸高低的生理指标是呼吸速率和呼吸商；呼吸速率也称呼吸强度，指单位时间内，单位重量的植物材料进行呼吸作用所释放的 CO_2 或吸入 O_2 的量，常用单位 CO_2mg/（dwg · h）或 CO_2mg/（fw100g · h）或 O_2mL/（dwg · h）。

（二）测定呼吸速率

1. 呼吸装置的制备：取 500 毫升广口瓶 1 个，配三孔胶塞。一孔插入钠石灰管，使进入瓶中的空气不含 CO_2；另一孔插入温度计；第三孔插入小胶塞或用透明胶带临时封上，供滴定和加指示剂时用。瓶塞下部装上风钩圈或大头针制成的小铁钩，以便挂放植物材料。

2. 空白滴定：用碱式滴定管从孔口向瓶中准确加入 20 毫升氢氧化钡溶液，封好孔。轻轻摇动广口瓶约 3 分钟（以破坏氢氧化钡薄膜），待瓶内二氧化碳被充分吸收后，再从孔口加入 3 滴酚酞指示剂，使溶液变成粉红色，最后用草酸溶液从孔口滴定至无色，记录草酸溶液用量 V_1。到出废液，将广口瓶洗净待用。

3. 样品滴定：用碱式滴定管从孔口向瓶中准确加入 20 毫升氢氧化钡溶液，封好孔。称取约 10 克实验材料，用纱布包好，使袋内保持疏松，用线将口扎紧，并结一小线圈。快速打开瓶塞，挂上纱布袋，立即盖紧瓶塞并开始计时。经常摇动广口瓶。30 分钟后，打开瓶塞，迅速取下材料袋，盖好瓶塞，从孔口加 3 滴酚酞指示剂，用草酸滴定至无色，记录草酸用量 V_2

4. 计算：呼吸速率。

$$[mgCO_2/(fw100 \cdot h)] = \frac{V1-V2}{材料鲜重(g) \times 时间(min)} \times 60 \times 100$$

五、注意事项

1. 取草酸、氢氧化钡的量筒不可混用，酸、碱滴定管不可用错，滴定操作时准确。

2. 悬挂材料离广口瓶液面要高些，以防纱布、材料沾上氢氧化钡液，挂、取材料动作要快。

3. 滴定时先稍快、后慢，边滴边摇动广口瓶，防止过量。

4. 若选用新鲜材料测定时，应在瓶子外包遮光纸，防止进行光合作用，滴定时将纸去掉。

六、实验结果记录

	空白草酸用量	第一次草酸用量	第二次草酸用量
空白			
干材料			
湿材料			

结果计算：

七、任务评价

序号	考核内容	考核时间	分值	评分标准	考核方法
1	呼吸材料的选取及呼吸小袋制作	60分钟	10	材料选取适合给5分，称量正确给3分，材料捆扎符合要求给2分。	两人考核
2	呼吸装置的制备及材料呼吸实验		20	广口瓶按要求处理给5分，瓶塞下部装上小挂钩给5分，呼吸小包放入符合要求给5分，时间记录准确，无误差给5分。	两人考核
3	空白滴定		15	加入氢氧化钡溶液准确，并封孔给5分。加入酚酞指示剂溶液和草酸溶液滴正确给5分，广口瓶清洗正确，给5分。	两人考核
4	样品滴定		15	酚酞指示剂加入准确给5分，草酸滴定正确给5分，草酸用量记录正确给5分。	两人考核
5	计算		15	根据呼吸速率公式计算出3组材料的呼吸速率。每个结果正确给5分。	两人考核
6	结果分析		10	从理论值和计算值对不同植物呼吸速率快慢进行比较分析，理解呼吸作用快慢与植物器官生长状态的关系。	两人考核
7	实验工作结束		5	按要求清理实验仪器、用具和实验台，给5分。	
8	职业素养		10	实验习惯良好，观察仔细、认真、客观；积极主动，严谨，爱护实验仪器设备；组内团结合作，能发现问题和分析问题，给10分。不足之处酌情扣分。	两人考核

任务二　提取、分离叶绿体色素

一、任务目标

学会光合色素的提取及分离。养成良好的实验安全意识和规范操作习惯，科学、客观、严谨、分析问题的能力及团结协作精神。

二、完成形式

以小组为单位（2 人为一组），在教师的指导下独立完成叶绿体色素的提取、分离。

三、备品与材料

1. 仪器设备：721 型分光光度计（1 台），高速离心机 1 台。

2. 材料与用具统计表。

序号	名　称	型号或规格	数量
1	电子秤		每大组1台
2	剪刀、研钵、酒精灯、滤纸		各1（个）
3	移液管、毛细滴管		各1个
4	试管	20ml	各1个
5	量筒	20ml	各1个
6	小烧杯	100ml	各1个
7	容量瓶	25ml	各1个
8	乙醇（或丙酮）、汽油、碳酸钙、石英砂、甲醇溶液		由教师准备适量
9	鲜植物叶片		5g

四、任务实施

（一）知识准备

叶绿体色素均不溶于水而溶于有机溶剂中，故可用丙酮或乙醇提取，提取的混合液各成分在两液相间的移动速率不同，在滤纸上呈现出来，因而就把提取液的各成分加以分离。

（二）提取、分离叶绿体色素

1. 提取叶绿体色素。

称取新鲜叶片 2g（若含水量高的植物叶可以提前 1~2 天采来晾去水分或烘箱烘干），剪碎，放在研钵中，加入 80% 丙酮或 95% 乙醇 5ml，少许石英砂和碳酸钙，研磨成匀浆，再加 95% 乙醇 10ml，把残渣去除，溶液倒于试管中用高速离心机转动 3~5 分钟，可以得到干净的叶绿体色素提取液。保存在暗处备用。

2. 分离叶绿体色素。

取优质滤纸一张,用毛细滴管吸取提取液,滴于滤纸中央待风干后,在原处重复多次点样,使其呈深绿色。待干后用滴管取汽油、丙酮和石油醚的混合液．简称推动液（混合液比例为3∶1∶0.5）小心滴于滤纸中心绿斑处,色素溶于溶剂中，并向四周均匀扩散，每一滴用电吹风吹干（或在电炉上烘干）后再滴第2滴，直至在滤纸上出线四个同心圆环为上。待干后从边缘向中心剪一条2mm宽的细条，由中心向下折成垂直，剪短至2cm长，将此垂直细条浸入盛有汽油的培养皿中，在滤纸上用另一培养皿盖好，以防溶剂蒸发过快。由于毛细管的作用，汽油沿滤纸条上升，色素溶于溶剂中，并向四周均匀扩散，在滤纸上形成四个中心圆，色环最内层为叶绿素b（黄绿色）,次为叶绿素a（蓝绿色）再次为叶黄素（黄色），近外圆为胡萝卜素（橙黄色）。

五、注意事项

1. 老师可提前选取周边几种植物叶先做试验，观察叶绿素分离实验效果，为学生实验做准备。植物鲜叶研磨要充分、细腻。

2. 叶绿体色素的分离时，毛细管点样要在“20 次以上”，且不能戳破滤纸。

六、实验结果记录

绘制叶绿体色素分离简图，并标出相应的名称。

七、任务评价

序号	考核内容	考核时间	分值	评分标准	考核方法
1	叶绿体色素的提取	80分钟	50	称取准确给10分，80%丙酮或95%乙醇加入准确给10分，研磨充分给10分，95%乙醇用量正确给10分。 离心机操作正确，能提取干净的叶绿体色素液，给10分。	两人考核
2	叶绿体色素的分离		40	点样次数够，点样正确给15分， 能得到四个同心圆环，给15分，叶绿体色素名称标注正确给10分。色环不清楚的，没有显示出4个色环的扣2～14分，叶绿体色素种类识别错误的扣2～8分。	两人考核
3	实验工作结束		5	未清理实验仪器、用具和实验台，扣5分。	两人考核
4	职业素养		5	实验习惯良好，观察仔细、认真、客观；积极主动、严谨；爱护实验仪器设备，组内团结合作，能发现问题和分析问题给5分，不足之处酌情扣分。	两人考核

任务三　测定蒸腾速率

一、任务目标

会用快速称重法测定植物的蒸腾速率。养成良好的实验安全意识和规范操作习惯，科学、客观、严谨、分析问题的能力及团结协作精神。

二、完成形式

以小组为单位（2 人为一组），在教师的指导下独立完成。

三、备品与材料

材料与工具统计表（按小组计算）

序号	名　称	型号或规格	数量
1	精度为10mg扭力天平或带电池的电子天平		1台
2	枝剪1把、剪刀1把、尺子1把		各1把
3	铅笔（1支），线、坐标方格纸、标签。		适量
4	实验材料：各种树木的带叶枝条。		

四、任务实施

（一）知识准备

植物蒸腾失水，重量减轻。因此，用称重法测得一定面积或一定重量的叶片在一定时间里的失水量，即可测得其蒸腾速率。

（二）测定蒸腾速率

1. 将扭力天平或电子天平放在被测树木附近的平稳处，调平。然后在被测植株上选一重约 10g 且有代表性的枝条，在其基部挂上标签，并缚一细线。在绑线处上方 1~2cm 处将枝条剪下，立即称重（记 W1），并在读数时准确计时（t_1）。

2. 迅速将枝条用线悬挂原处，使其在原环境蒸腾。约 15 分钟后，取下枝条，第二次称重（记 W2）并准确计时（t_2）。

3. 用称纸法求算叶面积。用尺量出坐标纸边长，算出全纸面积，称出全纸重。摘下叶子，平摊在坐标纸上，在坐标纸上用铅笔绘出叶子轮廓，剪下叶形，称重。按下式计算叶面积（S）。

$$S\ (cm^2) = 剪下的叶形纸重\ (g) \times \frac{全纸面积\ (cm^2)}{全纸重\ (g)}$$

4. 计算蒸腾速率。

$$蒸腾速率\ [g/(m^2 \cdot h)] = \frac{(W_1 - W_2)(g) \times 10000 \times 60}{S\ (cm^2) \times (t_2 - t_1)(min)}$$

五、注意事项

1. 选枝叶要有代表性，生长不良枝、病虫枝、密集部位枝不宜选取。

2. 称量要快、准。叶面积转换要认真细致。

六、实验结果记录

项目 时间	第一次 称重重量	第二次 称重重量	全纸面积	全纸重	剪下的叶形 纸重
T1					
T2					

结果计算：

七、任务评价

序号	考核内容	考核时间	分值	评分标准	考核方法
1	植物蒸腾失水量测定		20	枝条选取得当给5分，称量正确，给5分，时间记录正确给5分，第二次称重和计时正确给5分。	两人考核
2	蒸腾叶面积的计算		30	全纸面积计算和称重正确，给10分，叶子轮廓图绘制正确给10分，剪下叶称重和计算叶面积正确给10分。	两人考核
3	计算蒸腾速率	80分钟	30	按实验任务实施中给出的公式计算正确给20分，单位正确给10分。	两人考核
4	实验工作结束		10	按要求清理实验现场，仪器、用具整齐收理给10分。	两人考核
5	职业素养		10	实验习惯良好，观察仔细、认真、客观；积极主动、严谨、爱护实验仪器设备；组内团结合作、能发现问题和分析问题给10分。 不足之处酌情扣分。	两人考核

任务四　观察溶液培养与缺素症

一、任务目标

会营养液的配制和溶液培养的方法，能进行植物的缺素症状初步判别。养成良好的实验安全意识和规范操作习惯，科学、客观、严谨、分析问题的能力及团结协作精神。

二、完成形式

以小组为单位（4 人一组），在教师的指导下学生利用课外时间培养植物，进行实验观察和记录，并将培养好的植物在实验室交流、讨论、展示。

三、备品与材料

1．仪器设备：

精度为 0.1mg 的分析天平 1 架（公用），光照培养箱 1 台。

2．材料与工具统计表。

序号	名　称	型号或规格	数量
1	广口瓶或（水培皿）	1L	8个
2	移液管	5ml	10支
3	移液管	1ml	2支
4	量筒、烧杯、培养皿（1套）		各1个
5	容量瓶		11个
6	打气球、橡胶管、记号笔		1个
7	棉花、标签纸、黑色蜡光纸		适量
8	1%升汞溶液、各种矿质盐（详见营养液的配制）、蒸馏水、1mol/LNaOH溶液，1mol/LHCL溶被；菜豆、栓皮栎等植物的种子。		适量

四、任务实施

（一）知识准备

植物的生长发育，除需要充足的阳光和水分外，还需要矿质元素，否则植物就不能很好地生长发育甚至死亡。应用溶液培养技术，可以观察矿质元素对植物生活的必需性；用溶液培养做植物的营养试验，可以避免土壤里各种复杂因素的影响。近年来也已应用溶液培养进行无污染蔬菜的栽培生产。

（二）观察溶液培养与缺素症

1. 培育幼苗。

选取健康、饱满的菜豆、栓皮栎种子。在温水中浸泡 24~36 小时后捞出，清水冲洗后以 1% 升汞溶液消毒 5 分钟、取出后用自来水冲洗 3~5 次。再用蒸馏水冲洗 2 次，然后放在铺有的湿滤纸的培养皿中，置于培养箱中使其萌发，温度控制在 25 度左右。待幼根长出后播种到洁净、湿润的石英砂中，放在光照培养箱中培养，温度控制在 20 度左右为宜。经常检查并加适量蒸馏水以保持湿润状态。待叶子展开后可适当浇一些稀释 4 倍的完全培养液。当幼苗长出 2 片真叶，根长 5~7cm 时，选择大小一致、生长健壮的幼苗，移植到各水培皿中培养。

（1）营养液的配置。

按下表配置原液。

序号	药品名称	浓度 / (g·L)
1	Ca（NO3）2·4H2O	236
2	KNO3	102
3	MgSO4·7H2O	98
4	KH2PO4	27
5	K2SO4	88
6	CaCl2	111

（续表）

序号	药品名称	浓度 /（g·L）
7	NaH2PO4	24
8	NaNO3	170
9	Na2SO4	21
10	EDTA-Na_2 FeSO4 · 7H2O H3BO3 MnCl2 · 4H2O	7.45 5.57 2.86 1.81
11	CuSO4 · 5H_2O ZnSO4 · 7H_2O H2MoO4 · 7H_2O	0.08 0.22 0.09

原液号 / 原液/ml / 培养液类型	1	2	3	4	5	6	7	8	9	10	11
完全	5	5	5	5	—	—	—	—	—	5	1
缺N	—	—	5	5	5	5	—	—	—	5	1
缺P	5	5	5	—	—	—	—	—	—	5	1
缺K	5	—	5	—	—	—	5	5	—	5	1
缺Ca	—	5	5	5	—	—	—	5	—	5	1
缺Mg	5	5	—	5	—	—	—	—	5	5	1
缺Fe	5	5	5	5	—	—	—	—	—	—	1
全缺	蒸馏水										

以上各种溶液取好后，再用蒸馏水稀释至1000ml，分别倒入水培皿中，并在液面处画——记号。

（2）植株移植与培养。

幼苗取出后，用蒸馏水将根系冲洗干净，用少量棉花把茎包好，固定在水培皿塞孔中，再把根浸在培养液中，移植时注意勿伤根系。水培皿塞上另一孔插入一支玻璃管至水培皿底部，以便每日打气和补充水分。水培皿要用内黑外白的蜡光纸包好。每一水培皿可培养 1~3 株植物，放在日光充足而温暖的地方，也可放在 20~30 度的光照培养箱中。培养期间注意每天用打气球向溶液中打气，以供给根部充足的氧气，用 NaOH 或 HCl 溶液调整溶液的 pH，使之保持在 5.5~6.0 之间，还要补充蒸馏水至溶液原来的划记位置。培养液先是 2 周更换 1 次，1 个月后改为每周 1 次，最后隔 3~4 天更换 1 次，具体根据植株大小和气候而定。

每两天观察 1 次，记录根、茎、叶的生长发育情况，注意记录缺乏必须元素时所表现的症状及最先出现症状的部位。

五、注意事项

1. 培养植物需 1.5 ~ 2 个月，应及早着手准备。

2. 培养期间要保持根部充足的氧气。打气、补充水分、更换培养液时尽量勿碰触植物，观察时勿触摸植物，以防枝折、伤根和叶片脱落。

3. 记录苗的根、茎、叶生长发育情况时，重点记录缺乏必须元素时所表现的症状及最先出现症状的部位。

六、实验结果记录表

培养液	植株的外部表现			
种类	整个植株的外表	根	茎	叶
完全				
缺N				
缺P				
缺K				
缺Ca				
缺Mg				
缺Fe				
全缺				

七、任务评价

序号	考核内容	考核时间	分值	评分标准	考核方法
1	幼苗培育	约两个月（在课程教学期间学生利用课余时间实施的过程中，教师进行关键环节的考核，课程结束前每组将培养好的植物在实验室完成展示、交流和讨论	15	材料选取正确，能萌发，给10分，幼苗生长健壮给5分。	四人
2	营养原液的配置		15	营养原液配置时操作符合要求、规范的给10分，编号登记清楚，给2分，蒸馏水正确，处标记记录清楚，给3分。	
3	植株移植与培养		30	幼苗移栽处理得当给10分，氧气、pH值合理给5分，培养液更换按要求处理给5分，观察、记录翔实给10分。记录不详实，酌情扣分。	
4	培养结果展示、交流		20	根据交流、汇报和展示的实验结果酌情给分。	
5	职业素养		20	实验习惯良好，观察仔细、认真、客观；积极主动，严谨，记录认真，给10分；组内团结合作、能发现问题和分析问题，能吃苦耐劳，给10分。不足之处酌情扣分。	

任务五　植物生长调节剂在插条生根上的应用

一、任务目标

认知生长调节剂对林木插条生根的影响，会应用 GGR 促进插条生根。养成良好的实验安全意识和规范操作习惯，科学、客观、严谨、分析问题的能力及团结协作精神，培养创新精神。

二、完成形式

以小组为单位（2 人为一组），在教师的指导下独立完成。

三、备品与材料

1. 沙子或其他扦插基质做成的插床（公用）。

2. 材料与工具统计表。

序号	名　称	型号或规格	数量
1	烧杯	100ml	4个
2	培养皿、钟罩、研钵、玻璃棒		各1个（支）
3	枝剪		2把
4	滑石粉、标签、线		适量
5	10ug/g、50ug/g，100ug/gGGR6号溶液		各100ml
6	GGR6号粉剂	1000ug/g	
7	植物材料：大叶黄杨、雪松、女贞、红豆杉等适宜做扦插的木本植物当年生植条。		

四、任务实施

（一）知识准备

ABT 生根粉 1~5 号是广谱高效复合型植物生长调节剂，GGR6、7、8、10 号是 ABT 生根粉的继代产品。用它们处理植物插穗能促进不定根形成，缩短 1/3 生根时间，并能促使不定根原基形成簇状根系，呈暴发性生根。

ABT 生根粉溶于有机溶剂，粉剂需在 5 度以下避光干藏。GGR 易溶于水，可常温贮藏。

（二）扦插

1. 剪取插条。

各组选取直径一致的长 15~20cm 的当年生枝条 18 段，每段应带 2~3 个芽。将形态下端在水中剪成斜切面，每段上有叶则在上部保留 1~2 片叶子，摘去多余叶片，每片叶大的剪去一半或 1/3 叶片。

2. 处理插条。

（1）溶液处理。

现将已准备好的 10ug/g、50ug/g、100ug/gGGR6 号溶液，分别倒入 3 个烧杯中，另一烧杯盛等量蒸馏水作对照。把剪好的枝条的形态下端插入烧杯中，每种处理各 3 小段，溶液浸没枝条基部 2~3cm 即可，各枝条上用标签注明组号、树种、枝条号及处理浓度、日期、时间。然后用钟罩将 4 个烧杯罩住，4 小时后取出斜插入湿润的沙床中，深度 3~4cm，每小组每种处理各插一行（也可将它们分别放入 4 个盛有清水的烧杯或培养罐中培养，注意及时加溶液，保持液面高度）。

（2）粉剂处理。

将配好的 1000ug/gGGR6 号粉剂倒入培养皿内，取 3 段枝条把下端稍加湿润，使之沾满粉剂，立即插入沙床中，深度 3~4cm；取另 3 段枝条沾滑石粉作对照，也斜插入湿润的沙床中，深度同上。

每种处理各插一行，各枝条上用标签注明组号、树种、枝条号及处理温度、日照、时间。

3. 管理。

保持插床湿润，经常浇水，注意不要冲走基质。如果采用水插法，要注意经常换水。全班共同轮流管理、观察，直到各种处理均长出根为止。

五、注意事项

1. 插床的材料使用前需要用高温蒸汽或福尔马林，五代合剂（70% 五氯硝基苯粉剂和 65% 代森锌可湿性粉剂的等量混合物）等消毒。材料可根据实际情况调整。

2. 采枝条时要注意个人安全，也要注意不要破坏整株植物的观赏性；配备 GGR 溶液前要仔细阅读使用说明，按要求配制。

3. 实验时开窗通风，管理和观察记载过程中要认真、负责。

六、实验结果记录表

树种	枝条号	出根日期						根生长情况					
		水溶液（ug/g）				粉剂	对照（滑石粉）	水溶液（ug/g）				粉剂	对照（滑石粉）
		10	50	100	对照（蒸馏水）			10	50	100	对照（蒸馏水）		

七、任务评价

<table>
<tr><th>序号</th><th>考核内容</th><th>考核时间</th><th>分值</th><th>评分标准</th><th>考核方法</th></tr>
<tr><td>1</td><td>剪取插条</td><td>全程考核</td><td>30</td><td>材料选取得当，给15分，插条剪取符合要求，给15分。</td><td>两人考核</td></tr>
<tr><td>2</td><td>处理插条</td><td rowspan="4">全程考核</td><td>30</td><td>溶液准备完整，给10分，处理、对照设计合理，给10分，各项数据记录详实，给10分。</td><td rowspan="4">两人考核</td></tr>
<tr><td>3</td><td>观察、管理</td><td>20</td><td>管理到位，给10分，数据记录详实给10分。</td></tr>
<tr><td>4</td><td>实训工作结束</td><td>10</td><td>实验现场清理，仪器、用具收理符合要求给10分。</td></tr>
<tr><td>5</td><td>职业素养</td><td>10</td><td>实验习惯良好，观察仔细、认真、客观；积极主动，严谨，记录认真，给5分；组内团结合作、能发现问题和分析问题，能吃苦耐劳，给5分。不足之处酌情扣分。</td></tr>
</table>

任务六　缩短日照促进短日植物（菊花）开花实验

一、任务目标

认知利用光周期诱导植物开花的生理机制，能掌握缩短日照、促进短日植物（菊花）开花的方法步骤。养成良好的实验安全意识和规范操作习惯，科学、客观、严谨、分析问题的能力及团结协作精神、创新能力；具有探索自然、热爱自然的精神。

二、完成形式

以小组为单位（4 人为一组），在教师的指导下独立完成。

三、备品与材料

1. 仪器设备：灯光照明设备、自控人工长日照装置（共用）。
2. 材料与工具统计表。

序号	名　称	型号或规格	数量
1	供短日照处理的黑布、黑塑料薄膜等黑色遮盖物。标签牌。		适量
2	铲子		各1把
3	花盆	中号	9个
4	菊花、一品红、日本牵牛等适合光周期诱导的盆栽植物。		适量

四、任务实施

（一）知识准备

植物对白天黑夜相对长度的反应，称为光周期现象。根据植物成花对光周期的要求，可将植物分为长日照植物、短日照植物和日中性植物。在24小时昼夜周期中，日照必须长于一定时数才能开花的植物称为长日照植物，每天光照越长，成花越早。长日照植物多原产于温带、寒带，通常在夏季开花。在24小时昼夜周期中，日照必须短于一定时数才能开花的植物称为短日照植物，每天光照越短，花期越早，短日照植物原产于热带、亚热带，通常在夏秋季开花；对日照长度没有严格的要求，在任何日照条件下都可以开花的植物称为日中性植物。

光照是植物生长发育的重要环境条件。可通过日照时间长短影响光合作用及光合产物，从而制约着植物的生长发育、产量和品质。

（二）苗木培育和光照处理实验

1. 培育菊苗。

在进行光周期处理前60天，从生长良好的菊株根部小心地分出根芽（或摘取顶端嫩枝一段长10~12cm，插枝生根），分别移栽于盛有肥土的花盆中，共培养9盆。每盆1~2株。待幼苗生长至30天左右，摘去幼叶顶芽。当植株长出2~3个侧芽时，进行光周期处理。

2. 把栽有菊花的花盆分为3组，每组3盆，拴挂标签牌，注明组号、植物名称、处理方法、日照、时间等。分别进行如下处理：

第一组：于每日9小时短光照下生长30天，而后移至每日15小时长光照下生长。

第二组：于每日9小时短光照下生长60天，而后移至每日15小时长光照下生长。

第三组：全部生长在每日15小时长光照条件下，培养在长日照下的植株一般在自然条件下可满足照光时数。在秋、冬季进行实验时，应以灯光照明设备控制日照时数；培养在短日照下的植株，每天17：00至次日8：00遮光。

3. 经常照料盆中的植株，并观察其生长发育情况，注意长日照处理与短日照处理植株以及短日照处理不同天数的植株的开花日期，记录结果并加以分析。

五、注意事项

（1）实验操作中应注意日照时数控制要严格，遮光要严密。（2）使用有关设备时要小心操作，轻拿轻放。（3）观察记载时要认真、负责。（4）实验结束后整理好有关材料和用具。

六、实验结果记录

光照时间 / 组别	植株生长发育情况，植株开花日期记录		
	30天，9小时/天短日照	60天，9小时/天短日照	全部生长于15小时/天长光照下
第一组			
第二组			
第三组			

七、任务评价

序号	考核内容	考核时间	分值	评分标准	考核方法
1	菊苗培育	全过程	20	苗必须要培育合格，给10分，处理得当，给10分。	四人考核
2	将栽菊株的花盆做不同日照处理		20	移栽符合要求，光照处理正确，给10分，标注、记录清楚给10分。	
3	照管盆中的植株，使其正常生长。	全过程	20	日常管理到位，给10分，观察积极，记录及时完整，给10分。	四人考核
4	结果分析		15	对试验结果加以解释和分析。	
5	实验工作结束		5	实验现场清理，仪器、用具收理符合要求给5分。	
6	职业素养		20	实验习惯良好，观察仔细、认真、客观；积极主动，严谨；组内团结合作、能发现问题和分析问题，能吃苦耐劳，给20分。不足之处酌情扣分。	

项目三

植物的识别与应用

任务一　植物基本类群的观察与蕨类植物的识别

一、任务目标

认识不同的植物类群的形态、结构特征、生活方式，与人类的关系，通过观察不同的植物类群，提高学生的观察能力、比较分析能力，具有现场识别 6 大植物类群的能力。能体会植物种类的多样性，强化生物进化的观点，增强生物科学的价值观，培养学生关注和保护生物圈中多种多样的绿色植物情感。

二、完成形式

以小组为单位，每个同学利用所学的知识在教师的指导下，对实验室所提供的藻类植物、菌类植物、地衣植物、苔藓植物、蕨类植物、种子植物标本和校园中、周边区域相关植物类群进行观察。

三、备品与材料

1. 仪器设备：实体显微镜每组 2 台。

2. 材料与工具统计表。

序号	名　称	型号或规格	数量
1	放大镜		每组2台
2	水棉、海带、紫菜、青霉、蘑菇、木耳、银耳、竹荪、灵芝、壳状地衣、叶状地衣、枝状地衣、葫芦藓、泥炭藓、青苔、肾蕨、蕨、银杏、苏铁、云南松、红豆杉、玉兰、樱花、油茶等。	蜡叶标本或鲜叶标本	每组1套
3	参考书籍		每组1套

四、任务实施

（一）知识准备

1. 藻类植物：结构简单，有单细胞和多细胞，没有根、茎、叶的分化，多数生活在水中，有的生活在陆地上，依靠孢子进行繁殖，如蓝藻、海带、紫菜等。

2. 菌类植物：不具自然亲缘关系，无根、茎、叶的分化、不含叶绿素，生活方式为异养。包括细菌和真菌。如：球菌、杆菌、螺旋菌、青霉、蘑菇、木耳、银耳、冬虫夏草、竹荪、灵芝等。

3. 地衣：地衣是植物界中一群特殊的植物，由藻类和菌类共生而成。包括壳状地衣、叶状地衣、枝状地衣。如松萝、石蕊、树花等。

4. 苔藓植物：植物体矮小，为叶状体或有茎、叶分化，无真正的根，无维管束的分化，配子体发达，能独立生活，孢子体简单，寄生在配子体上。如葫芦藓、泥炭藓、青苔等。

5. 蕨类植物：一般为陆生，有根、茎、叶的分化，并有维管束系统。配子体和孢子体都能独立生活，并以孢子体占优势。如肾蕨、蕨、贯众、桫椤、石韦等。

6. 种子植物：用种子繁殖，孢子体发达，具有维管组织，配子体极度简化。包括裸子植物和被子植物。

（1）裸子植物：多为高大乔木；胚珠裸露，生在大孢子叶上，不形成果实；有颈卵器，颈卵器构造简单；出现花粉管，受精作用脱离水的限制；孢子体发达，并占绝对优势，配子体简化，并寄生在孢子体上；具有多胚现象；传粉时花粉直达胚珠。

（2）被子植物：植物形体多样，木质部有导管和管胞，韧皮部有筛管和伴胞；典型的被子植物的花由花萼、花冠、雄蕊群和雌蕊群四部分组成，种子有果皮包被保护。

（二）观察植物类群

1. 观察植物基本类群特征。

观察藻类植物、菌类植物、地衣植物、苔藓植物、蕨类植物、种子植物 6 大类群代表性标本的特点，并比较总结出各类群植物的特征。

2. 观察蕨类植物、种子植物（裸子植物、被子植物）生长型及外观特征。

观察蕨类植物、裸子植物、被子植物的外观，比较在体形大小、叶形、叶脉、果实、种子等方面的特点。

3. 观察裸子植物、被子植物、单子叶植物、双子叶植物典型代表种标本的特征，如叶形、叶脉、花、果、果实、种子的特征，并加以区别。

4. 借助放大镜或实体镜观察蕨类植物的一些代表种类标本的孢子囊群、孢子囊分布及构造特点，并加以区别比较。

5. 现场识别校园内的植物类群。

五、注意事项

实验材料可根据本地具体情况加以选择，实训内容和顺序也可以根据需要进行增减或调整。

六、实验结果记录

1. 藻类植物、菌类植物、地衣植物、苔藓植物、蕨类植物、种子植物的识别特征。

植物类群	主要识别特征描述
藻类植物（水棉、海带、紫菜）	
菌类植物（青霉、蘑菇、木耳、银耳、竹荪、灵芝）	

（续表）

植物类群	主要识别特征描述
地衣植物（壳状地衣、叶状地衣、枝状地衣）	
苔藓植物（葫芦藓、泥炭藓、青苔）	
蕨类植物（肾蕨、蕨）	
种子植物（银杏、苏铁、云南松、红豆杉、玉兰、樱花、油茶）	

2. 蕨类植物、种子植物（裸子植物、被子植物）生长型及外观特征的观察。

特征 类群	生长型	体形大小	叶形	叶脉	孢子囊	果实	种子
蕨类植物（肾蕨、蕨）							
裸子植物（银杏、苏铁、云南松、红豆杉）							
被子植物（玉兰、樱花、油茶、黑荆树）							

3. 裸子植物、被子植物典型代表种标本特征的观察。

<table>
<tr><th colspan="2">特征
类群</th><th>叶形</th><th>叶脉</th><th>花</th><th>果</th><th>球果</th><th>种子</th></tr>
<tr><td rowspan="4">裸子植物</td><td></td><td></td><td></td><td></td><td></td><td></td><td></td></tr>
<tr><td></td><td></td><td></td><td></td><td></td><td></td><td></td></tr>
<tr><td></td><td></td><td></td><td></td><td></td><td></td><td></td></tr>
<tr><td></td><td></td><td></td><td></td><td></td><td></td><td></td></tr>
</table>

（续表）

类群＼特征		叶形	叶脉	花	果	球果	种子
被子植物							

4. 校园内植物类群分类。

植物类群	植物种类名称
藻类植物	
菌类植物	
地衣植物	
苔藓植物	
蕨类植物	
裸子植物	
被子植物	

七、任务评价

实训完成后，每个学生进行藻类植物、菌类植物、地衣植物、苔藓植物、蕨类植物、种子植物类群特征识别和校园内各类群植物种类的考核。

序号	考核内容	考核时间	分值	识别特征及校园内植物种类	考核方法
1	藻类植物	80分钟	10	主要识别特征描述清楚得5分，特征描述不清楚，根据情况酌情扣分；写出一个植物种类得1分，写错或有错别字不得分。	两人考核
2	菌类植物		10	主要识别特征描述清楚得5分，特征描述不清楚，根据情况酌情扣分；写出一个植物种类得1分，写错或有错别字不得分。	两人考核

（续表）

序号	考核内容	考核时间	分值	识别特征及校园内植物种类	考核方法
3	地衣植物	80分钟	10	主要识别特征描述清楚得5分，特征描述不清楚，根据情况酌情扣分；写出一个植物种类得1分，写错或有错别字不得分。	两人考核
4	苔藓植物		10	主要识别特征描述清楚得5分，特征描述不清楚，根据情况酌情扣分；写出一个植物种类得1分，写错或有错别字不得分。	两人考核
5	蕨类植物		10	主要识别特征描述清楚得5分，特征描述不清楚，根据情况酌情扣分；写出一个植物种类得1分，写错或有错别字不得分。	两人考核
6	裸子植物		15	主要识别特征描述清楚得5分，特征描述不清楚，根据情况酌情扣分；写出一个植物种类得1分，写错或有错别字不得分。	两人考核
7	被子植物		15	主要识别特征描述清楚得5分，特征描述不清楚，根据情况酌情扣分；写出一个植物种类得1分，写错或有错别字不得分。	两人考核
8	职业素养		20	实验习惯良好，观察仔细、认真、客观；积极主动，严谨；实验室收拾整洁得10分；组员之间团结合作、协调，热爱生命，热爱自然，得10分。不足之处酌情扣分。	两人考核

任务二　采集与制作植物标本

一、任务目标

明确植物各大类群的主要特征，认知被子植物、裸子植物主要科的形态特征，认识一定数量的植物种类；认知植物标本采集、整理和制作的基本环节和步骤，能正确采集植物标本，学会利用工具书对植物进行鉴定，学会植物标本的整理、压制和制作植物蜡叶标本。培养学生信息查询、搜集和整理的能力，自主学习的能力，培养学生善于思考、科学观察及分析问题、解决问题的能力，具有团队协作精神和安全意识，具有良好的自我管理能力和良好的职业道德。

二、完成形式

以小组为单位，在教师的指导下进行标本的采集、整理、鉴定和制作。

三、备品与材料

序号	名　称	型号或规格	数量
1	标本夹、吸水纸、绳索、采集箱		每组1套
2	吸水纸、采集袋、纸袋、采集记录表、号签、针、线、台纸、标本签、盖纸、胶水		每组若干
3	枝剪、高枝剪、镐、铲、钢卷尺、剪刀		每组1套
4	望远镜、海拔仪、GPS、照相机		每组各1台
5	野外防护用品		每组1套

四、任务实施

（一）知识准备

1. 植物标本。

植物标本就是将新鲜植物的全株或一部分用物理或化学方法处理后保存起来的实物样品。是人们认识、了解、研究全世界或某一国家、某一地区植物的主要依据和基本材料，是开展教学、科研和生产建设的重要凭证和参考资料。

2. 植物标本的分类。

根据处理和保存方法不同，分为：蜡叶标本、浸制标本、风干标本、砂干标本。

蜡叶标本：是指经过采集和压制，植物体完全干燥后，装订到台纸上的标本。

浸制标本：是指经过采集后，用药剂将植物浸泡到标本瓶中的标本，以便防腐保存。

风干标本：是指经过采集后，让其自然干燥所形成的标本。

砂干标本：是指经过采集后，将植物体用干砂包埋起来，完全干燥后能保持原来的生活状态的标本。

本次介绍常用的蜡叶标本的制作。

（二）采集与制作植物标本

1. 采集植物标本。

（1）标本采集工具。

标本夹：它的作用是将吸水纸和标本置于其内压紧，使花叶不至皱缩凋落，而使枝叶平坦，容易装订于台纸上。

枝剪、剪刀：用以剪断木本和有刺植物。

高枝剪：用以采集徒手不能采集到的乔木上的枝条或长在险峻处的植物。

采集箱、采集袋：用来临时收藏采集品。

镐、铲：用来挖掘草本及矮小植物的地下部分。

吸水纸：用来吸收水分，使标本易干。

采集记录表、号签：用于野外记录，如记录植物的形态特征、生长环境、采集地点、日期、编号和采集人等。

纸袋：用牛皮纸制成，用于盛取种子及标本上脱落下来的花、果、叶、鳞茎、块根等。

放大镜：观察植物体各部分的形态。

望远镜：观察远处的植物和地形。

海拔仪、GPS：测量海拔高度以了解被采植物生长的海拔高度和地理坐标。

照相机：拍摄植物的生态环境和他们的生活容貌。

钢卷尺：测量植株的高度（草本植物），或高大乔木的胸高直径等。

（2）采集标本。

采集时间和地点：各种植物生长发育的时期有长有短，因此必须在不同的季节和不同的时间进行采集。采集落叶的木本植物时，最好分冬芽时期、花期、果实时期三个时期采集才能得到完整的标本。

乔木、灌木或特别大的草本植物：只采其植物体的一部分，但应注意采取的标本应尽量能代表该植物的一般特征，如有可能最好拍一张该植物的全形照片，以补标本之不足。

草本植物的采集：应采带根的全草，如发现基生叶和茎生叶不同时，要注意采基生叶；高大的草本，采下后可将植株折成“V”或“N”字形，然后再压入标本夹内，也可把这种植物选取上、中、下三段具代表性的部分，分别压在标本夹内，但要注意编同一个采集号，以供鉴定时查对。

水生草本植物的采集：水生草本植物提出水后，很容易缠成一团，不易分开，如金鱼藻、水毛茛等，可用硬纸板在水中将其托出，连同纸板一起压入标本夹内，这样可保持其形态特征的完整性。

棕榈类植物的采集：棕榈类植物有大型的掌状叶和羽状叶，可只采一部分（这一部分要恰好能容纳在台纸上），但必须把全株的高度、茎的粗度、叶的长度和宽度、裂片或小叶的数目、叶柄的长度等记在采集记录表上。叶柄上如有刺，也要取一小部分。棕榈类的花序也很大，不同种的花序着生的部位也不同，有生在顶端的，有生在叶腋的，有生在由叶基造成的叶鞘下面的。如果不能全部压制时，也必须详细地记下花序的长度、宽度和着生部位。

具有地下茎的植物的采集：必须注意采集这些植物的地下部分（如各种根状茎、鳞茎、球茎、块茎等）。

雌雄异株植物的采集：应分别采集雄株和雌株，以便研究用。

先叶开花的植物的采集：采花枝后，出叶时应在同株上采其带叶和带果的标本。有些木本植物的树皮颜色和剥裂的情况是鉴别植物种类的依据之一，因此，应剥取一块树皮附在标本上。

寄生植物的采集：应注意连同寄主一起采下。

2. 野外记录。

在野外采集时，要求必须记录到采集记录表中，野外每采集一种植物标本时需填写一份采集记录表。填写时要认真负责，填写的内容要求正确、精简扼要；记录表上的采集号必须与标本上挂的号牌的号码相同；填写植物的根、茎、叶、花、果实，应尽量填写一些在经过压制干燥后，易于失去的特征（如颜色、气味、肉质否等）。

3. 制作蜡叶标本。

（1）标本处理：适当剪掉一些过密或过长的茎枝，过繁的花、叶、果。将植物标本的枝、叶、果、花展开平放，避免重叠与堆积，注意顺其自然，保持其特征。植株高的可以反复折叠或取代表性的上、中、下段。

（2）压制标本：在野外将植物标本采集好后，如果方便，可就地进行压制，亦可带回室内压制。所采到的标本要及时压制起来，对一般植物，采用干压法，就是把标本夹的两块头板打开，用有绳的一块平放着作底，上面铺上四五张吸水纸，放上一枝标本，盖上两三张纸，再放上一枝标本，等排列到一定的高度后，上面多放几张纸，盖上标本夹的另一块板将它绑好。

采集的标本期初是湿的，要把它放在标本夹中用吸水纸吸干，要使标本完美，水要尽快吸干，要勤换纸，刚采回来的新鲜标本，前 3 天每天要换纸 2~3 次，以后每天至少换 1 次。换下来的湿纸及时晾干或烘干，以备替换使用。换纸时应注意检查花瓣、叶片有无皱折，若有皱折，要拉平整。

（3）标本消毒：标本压制干后，需要消毒。一般使用 2%~3% 升汞酒精溶液进行消毒。可用喷雾器直接往标本上喷消毒液，或将标本放在大盆里，用毛笔沾上消毒液，轻轻地在标本上涂刷，也可将消毒液倒在盆里，将标本放在消毒液里浸一浸，还可以把标本放进消毒室和消毒箱内，利用毒气熏杀标本上的虫子或虫卵，约 3 天后即可。

（4）鉴定标本：根据植物的各项特征，利用植物检索表和相关工具书鉴定出植物的科、属、种，并掌握检索表的编制方法。

（5）标本装帧：装帧是把标本装订在台纸上。台纸大小一般为 40cm × 30cm。将台纸平整地放在桌面上，然后把消毒好的标本放在台纸上，摆好位置，左上角要留出贴野外记录表的位置，右下角要留出贴定名签的位置。用白线从正、背面穿入拉紧使标本紧贴在台纸上。把脱落的花、果、种子等放在一个折叠的纸袋内，再把纸袋贴在台纸上，标本就算制作完成。

五、注意事项

1. 采集完整的标本，保持形态特征的完整性。应选择生长正常、无病虫害、具典型特征的植株。保留花、果（裸子植物的球花、球果）及种子。

2. 野外采集记录应尽可能随采、随记录和编号，以免过后忘记或错号。同种不同地点的植物应另行编号。

3. 散落物（叶、花、种子、苞片等）装另备小袋中，并与所属枝条同号记载。

4. 拍数张该植物的全形照片，进一步了解该植物的生境，弥补标本的不足。照片记录与枝条所属单株同号记载。

5. 采集标本的份数，一般要 2~3 份，给以同一编号，每个标本上都要系上号签。

6. 放置标本时应注意：每个标本都要有一两个叶子背面朝上。

7. 升汞有剧毒，标本消毒时要避免手直接接触标本，以防中毒。

六、采集记录表

标本采集记录表

标本号数：________________

采 集 人：______ 采 集 号：______

采集日期：______ 产　　地：______

环　　境：

地　　形：______ 海　　拔：______ 土　　壤：______

小 环 境：________________

生　　态：________________

性　　状：________________

高　　度：________ 胸高直径：________

频　　度：________ 多　　度：________

形态：
树皮：________________
叶：________________
花：________________
果：________________
用途：________________
附记：________________
土名：________________
科名：________ 学名：________

标本采集号牌

□ ○
标本采集号牌
采集号：
采集人：
采集日期：
采集地点：

七、任务评价

序号	考核内容	考核时间	分值	评分标准	考核方法
1	标本的采集、整理和野外记录	3~5天	30	采集数量达到要求，标本选择有代表性（花果齐全、大小比例适当、无病害），得10分，标本各部分平展，姿势美观，叶片不重叠且正反两面都有得10分，标本记录填写项目齐全、上台纸装订规范、工整得10分。有不符合要求或不规范的项目，根据实际情况酌情扣分。	分组考核
2	标本的鉴定		30	完全正确检索出植物的科、属、种得15分，能正确编制出检索表得15分。有不符合或不准确的项目根据实际情况酌情扣分。	分组考核
3	植物标本的装帧		20	标本装订正确得10分，野外采集记录表和定名签粘贴准确无误得10分。有不正确的项目根据实际情况酌情扣分。	单人考核
4	职业素养		20	具有信息查询、搜集和整理的能力，自主学习的能力，思考、观察及分析问题、解决问题的能力得10分；具有吃苦耐劳的精神，自我管理能力强，团队协作精神和安全意识良好，热爱自然、保护环境得10分。不足之处酌情扣分。	分组考核

任务三　观察识别苏铁科、银杏科、松科

一、任务目标

认知裸子植物的基本特征，学会苏铁科（Cycadaceae）、银杏科（Ginkgoaceae）、松科（Pinaceae）科的识别方法，能说出科的特征，并能区别该三个科的代表植物，具有现场识别本地区常见苏铁科、银杏科、松科植物种类的能力。养成良好的科学、客观、严谨的态度；培养分析能力及团队协作精神，树立爱护植物、保护环境的意识。

二、完成形式

以小组为单位，每个同学利用所学的知识在教师的指导下，对所提供的苏铁科、银杏科、松科植物蜡叶标本和鲜叶标本进行识别与观察，或现场识别。

三、备品与材料

1. 仪器设备：实体显微镜每组 2 台。

2. 材料与工具统计表。

序号	名　称	型号或规格	数量
1	放大镜		每组2台
2	枝剪、高枝剪、标本夹		每组各1

（续表）

序号	名　称	型号或规格	数量
3	苏铁科（Cycadaceae）： 苏铁（*Cycas revouta*）、篦齿苏铁（*Cycas pectinata*）、 德保苏铁（*Cycas debaoensis*）、 攀枝花苏铁（*Cycas panzhihuaensis*）、 滇南苏铁（*Cycas diannanensis*）、 贵州苏铁（*Cycas guizhouensis*）、 灰干苏铁（*Cycas hongheensis*）、 长柄叉叶苏铁（*Cycas longipetiolula*）等； 银杏科（Ginkgoaceae）： 银杏（*Ginkgo biloba*）； 松科（Pinaceae）： 云南油杉（*Keteleeria evelyniana*）、 金钱松（*Pseudolarix kaempferi*）、 丽江云杉（*Picea likiangensis*）、 雪松（*Cedrus deodara*）、 华山松（*Pinus armandi*）、 云南松（*Pinus yunnanensis*）、 巧家五针松（*Pinus squamata*）、 火炬松（*Pinus taeda*）等。	蜡叶标本或鲜叶标本	每组1套
4	植物检索表、参考书籍		每组1套

四、任务实施

（一）知识准备

1. 苏铁科（Cycadaceae）重要识别特征：常绿木本植物，茎秆圆柱形；茎秆基部残留叶基；叶螺旋状排列，集生于树干顶部；叶有营养叶和鳞叶 2 种，营养叶 1 回或 2~3 回羽裂，叶柄常具刺，鳞叶短小。雌雄异株；小孢子叶球生于树干顶端，大孢子叶球生于茎顶端叶腋部。

（1）苏铁（*Cycas revouta*）：常绿棕榈状木本植物。叶 1 回羽状，羽片条形；小孢子叶密被黄褐色绒毛，大孢子叶密被黄褐色绵毛。

种子卵形，微扁。

（2）德保苏铁（*Cycas debaoensis*）：羽叶 3 回以上羽状深裂，羽叶 3~9（~15）片，小羽片条形，先端渐窄或常渐尖，大孢子叶侧裂片线状纤细，每侧具羽片 19~25 片。国家一级重点保护植物。

（3）长柄叉叶苏铁（*Cycas longipetiolula*）：2 回羽状深裂，羽片 2~3 片，小叶柄长 50~80mm，一回羽片 4~5 次二叉分歧。国家一级重点保护植物。

（4）攀枝花苏铁（*Cycas panzhihuaensis*）：羽叶1回羽状分裂，种子红褐色，外种皮产生容易分离、破碎的薄层，树干具绒毛。国家一级重点保护植物。

（5）滇南苏铁（*Cycas diannanensis*）：羽叶1回羽状分裂，鳞叶脱落不宿存，大孢子叶背面密被绒毛，胚珠4~6枚，无毛与疏被毛并存。国家一级重点保护植物。

（6）贵州苏铁（*Cycas guizhouensis*）：羽叶 1 回羽状分裂，羽片中脉两面均隆起，叶柄、叶轴幼时密被黄褐色短柔毛，一年生叶柄无白粉，大孢子叶侧裂片粗壮，通常不二叉，中种皮光滑或有极浅的拟负网纹。国家一级重点保护植物。

（7）篦齿苏铁（*Cycas pectinata*）：羽叶平展，羽片边缘平。国家一级重点保护植物。

（8）灰干苏铁（*Cycas hongheensis*）：羽叶通常“V”字形，羽片边缘稍反卷。国家一级重点保护植物。

2. 银杏科（Ginkgoaceae）重要识别特征：落叶乔木，枝具长短枝。叶扇形，叶脉二叉状，在长枝螺旋状互生，在短枝上簇生；球花单性异株，雄球花葇荑花序，雌球花有长梗，梗端分 2 叉。种子核果状。

（1）银杏（*Ginkgo biloba*）：落叶乔木，枝叶无毛，叶扇形，边缘有缺裂，种子核果状椭圆形，外种皮肉质，熟时黄色，具臭味，外被白粉，中果皮骨质白色，内种皮膜质，淡黄褐色。国家一级重点保护植物。

3.松科（Pinaceae）重要识别特征：常绿或落叶乔木。叶为条形、针形、钻形；球花单性同株，雄球花具多数螺旋状着生着雄蕊，雌球花具多数螺旋状着生的珠鳞，球果木质或革质，种子常有翅，稀无翅。

（1）云南油杉（*Keteleeria evelyniana*）：常绿乔木。叶条形，较窄长，先端有突起的尖头；一年生枝粉红色至淡红褐色。

（2）丽江云杉（*Picea likiangensis*）：常绿乔木。小枝淡黄灰色，有密毛。叶条形，四面有气孔线。球果柱形或卵状圆柱形，成熟前紫红色或紫黑色。种鳞薄，斜方状软形，边缘有波状缺齿。

（3）金钱松（*Pseudolarix kaempferi*）：落叶乔木。叶片条形，扁平柔软，在长枝上成螺旋状散生，在短枝上 15~30 枚簇生，向四周辐射平展，秋后变金黄色，形似铜钱，球果直立，卵圆形，成熟时淡红褐色，种子卵圆形，有与种鳞近等长的种翅。国家一级重点保护植物。

（4）雪松（*Cedrus deodara*）：常绿乔木。树冠塔形，针叶，幼时被白粉，球果卵球形，种鳞宽大背面密生锈色短绒毛。

（5）华山松（*Pinus armandi*）：常绿乔木。针叶 5 针一束；小枝无毛；球果成熟时种鳞开裂，种子脱落。

（6）云南松（*Pinus yunnanensis*）：常绿乔木。针叶 3 针一束；具树脂道 4~5 个，鳞脐有短刺。

（7）巧家五针松（*Pinus squamaia*）：常绿乔木。树皮成不规则薄片剥落，内皮灰白色。针叶 4~5 针一束。两面具气孔线，在放大镜下边缘可见细齿。国家一级重点保护植物。

（8）火炬松（*Pinus taeda*）：常绿乔木。针叶 3 针一束；具树脂道通常 2 个，中生，鳞脐具锐尖刺。

（二）分科、分种识别代表植物

1. 根据实验材料，以科为单位，观察苏铁科、银杏科、松科植物的特征。

观察苏铁科、银杏科、松科植物的外观，比较各科在树形大小、树皮、气味、叶形、叶脉、球花、球果、种子等方面的特点。

2. 根据实验材料，以种为单位，观察苏铁科、银杏科、松科各代表植物的特征。

借助放大镜或实体显微镜观察苏铁科、银杏科、松科各种植物的生长型、树皮、气味、长短枝、叶缘、叶形、叶脉、球花、球果、种子等方面的特点。

五、实验结果记录

1. 识别苏铁科、银杏科、松科科的特征。

科名 特征	苏铁科	银杏科	松科
生长型			
树皮			
叶形			
叶序			
叶缘			
枝条			
球花			
球果			
种子			

2. 识别代表种的特征。

特征 种名	生长型	枝干叶痕	叶形大小	叶柄	生长方式	球花	种子

（续表）

特征 种名	生长型	枝干叶痕	叶形大小	叶柄	生长方式	球花	种子

六、注意事项

树种的实验材料可根据本地具体情况加以选择，实训内容和顺序也可以根据季节进行增减或调整。

七、任务评价

识别完后，每个学生进行苏铁科、银杏科、松科三科代表植物特征识别的考核。每写对一个科名、属名、种名分别得 1 分，写错或有错别字不得分；主要识别特征描述清楚，得 3 分；特征描述不清楚，根据情况酌情扣分。

序号	考核时间	分值	考核内容				考核方法
			科名（1 分）	属名（1 分）	种名（1 分）	识别特征（3 分）	
1	30 分钟	6					单人考核
2		6					
3		6					
4		6					

（续表）

序号	考核时间	分值	考核内容				考核方法
			科名（1分）	属名（1分）	种名（1分）	识别特征（3分）	
5	30分钟	6					单人考核
6		6					
7		6					
8	30分钟	6					单人考核
9		6					
10		6					
11		6					
12		6					
13		6					
14		6					
15		6					
16		10（职业素养）	具有信息查询、搜集和整理的能力，自主学习的能力，思考、观察及分析问题、解决问题的能力得5分；具有吃苦耐劳的精神，自我管理能力强，团队协作精神和安全意识良好，热爱自然、保护环境得5分。不足之处酌情扣分。				

任务四　观察识别杉科、柏科、罗汉松科、红豆杉科

一、任务目标

学会杉科（Taxodiaceae）、柏科（Cupressaceae）、罗汉松科（Podocarpaceae）、红豆杉科（Taxaceae）科的识别方法，能说出科的特征，并能区别该四个科的植物，具有现场识别本地区常见杉科、柏科、罗汉松科、红豆杉科植物种类的能力。养成良好的科学、客观、严谨的态度；培养分析能力及团队协作精神，树立爱护植物、保护环境的意识。

二、完成形式

以小组为单位，每个同学利用所学的知识在教师的指导下，对所提供的杉科、柏科、罗汉松科、红豆杉科植物蜡叶标本和鲜叶标本进行识别与观察，或校园内及周边地区现场识别。

三、备品与材料

1. 仪器设备：实体显微镜每组 2 台。

2. 材料与工具统计表。

序号	名　称	型号或规格	数量
1	放大镜		每组2台
2	枝剪、高枝剪、标本夹		每组各1

（续表）

序号	名　称	型号或规格	数量
3	杉科（Taxodiaceae）： 杉木（*Cunninghamia lanceolata*）、 台湾杉（*Taiwania crytomerioides*）、 柳杉（*Cryptomeria fortunie*）、 水松（*Glyptostrobus pensilis*）、 落羽杉（*Taxodium distichum*）、 水杉（*Metasequoia glyptostroboides*）等； 柏科（Cupressaceae）： 侧柏（*Platycladus orientalis*）、 干香柏（*Cupressus duclouxiana*）、 龙柏（*Sabina chinensis*）、 孔雀柏（Chamaecyparis obtusa）、 千头柏（*Platycladus orientalis*）、 藏柏（*Cupressus torulosa*）、 刺柏（*Juniperus formosana*）等； 罗汉松科（Podocarpaceae）： 罗汉松（*Podocarpus macrophyllus*）、 竹柏（*Podocarpus nagi*）等； 红豆杉科（Taxaceae）： 红豆杉（*Taxus chinensis*）。	蜡叶标本或鲜叶标本	每组1套
4	植物检索表、参考书籍		每组1套

四、任务实施

（一）知识准备

1. 杉科（Taxodiaceae）重要识别特征：常绿或落叶乔木；叶多为钻形、条形、披针形，螺旋状着生，稀交互对生；球花单性同株，珠鳞（种鳞）和苞鳞半合生或完全合生；每珠鳞（种鳞）具2~9粒胚珠（种子）。

（1）杉木（*Cunninghamia lanceolata*）：常绿乔木，叶条状

披针形，螺旋状互生，先端尖而稍硬，边缘有细齿，上面中脉两侧的气孔线较下面的为少。雄球花簇生枝顶；雌球花单生，苞鳞与珠鳞合生，苞鳞大，种鳞形小，每种鳞具3枚扁平种子；种子褐色，两侧有窄翅。

（2）柳杉（*Cryptomeria fortunie*）：常绿乔木，树皮裂成长条片状，小枝柔软下垂。叶钻形，先端微弯，四边有气孔线，雄球花单生叶腋，雌球花顶生于短枝上。球果圆球形，每种鳞通常各具种子2枚。

（3）台湾杉（秃杉）（*Taiwania cryptomerioides*）：常绿乔木，树皮灰褐色，裂成不规则条片，小枝柔软下垂。叶厚革质，鳞状钻形。球果长椭圆形至短圆柱形，熟时褐色。种鳞 21~39 对，种子具窄翅。国家二级重点保护植物。

（4）水松（*Glyptostrobus pensilis*）：半常绿乔木。叶条形、条状钻形。球果倒卵形，种子 2 枚。国家一级重点保护植物。

（5）落羽杉（*Taxodium distichum*）：落叶乔木。树皮裂成长条状脱落。叶窄条形，球果卵圆形，被白粉。

（6）水杉（*Metasequoia glyptostroboides*）：落叶乔木，树皮灰褐色或深灰色，裂成条片状脱落，内皮淡紫褐色；扁平条形，叶交互，下面沿中脉两侧有气孔线。雌雄同株，种鳞极薄，苞鳞木质，种子倒卵形，扁平，周围有窄翅。国家一级重点保护植物。

2. 柏科（Cupressaceae）重要识别特征：常绿乔木或灌木；叶鳞形或刺形，交互对生或轮生；球花单性，同株或异株，苞鳞与珠鳞完全合生；球果成熟时种鳞木质化或肉质合生成浆果状，每珠鳞（种鳞）具 1 粒至多数胚珠（种子）。

（1）侧柏（*Platycladus orientalis*）：常绿乔木，树皮细条状纵裂，小枝斜上展。叶小，鳞片状，紧贴小枝上，呈交叉对生排列。雌雄同株，花单性。雄球花黄色，珠鳞和苞鳞完全愈合。球果，种子不具翅或有棱脊。

（2）干香柏（*Cupressus duclouxiana*）：常绿乔木。树皮灰褐色，裂成长条片脱落；枝条密集。鳞叶密生，雄球花近球形或椭圆形，种子圆球形，种子褐色或像褐色，两侧具窄翅。

（3）龙柏（*Sabina chinensis*）：常绿小乔木，叶大部分为鳞状叶，少量为刺形叶，花（孢子叶球）单性，雌雄异株，浆质球果，表面被有一层碧蓝色的蜡粉，内藏两颗种子。枝条长大时会呈螺旋状伸展，向上盘曲，好像盘龙姿态，故名“龙柏”。

（4）孔雀柏（*Chamaecyparis obtusa*）：常绿乔木；小枝扁平；叶鳞片状，交互对生，球花小，雌雄同株，单生枝顶；雄球花长椭圆形；雌球花球形，交互对生；球果直立，有盾状的种鳞，木质；种子有翅。

（5）千头柏（*Platycladus orientalis*）：为侧柏的栽培变种，常绿灌木，植株丛生状，树皮浅褐色，呈片状剥离。大枝斜出，小枝直展，扁平，排成一平面。叶鳞形，交互对生，紧贴于小枝，两面均为绿色。球花单生于小枝顶端。球果卵圆形，肉质，蓝绿色，被白粉，球果熟时红褐色。种子卵圆形或长卵形。

（6）藏柏（*Cupressus torulosa*）：常绿乔木，鳞叶，枝皮裂成块状薄片。球果生于短枝顶端，宽卵圆形或近球形，熟后深灰褐色；种鳞 5~6 对，顶部五角形，有放射状的条纹，种子两侧具窄翅。

（7）刺柏（*Juniperus formosana*）：常绿乔木。树皮褐色，纵裂成长条薄片脱落，叶条状披针形或条状刺形，先端渐尖，具锐尖头，两侧各有 1 条白色的气孔带，雄球花圆球形或椭圆形，球果熟时淡红褐色，被白粉或白粉脱落。

3. 罗汉松科（Podocarpaceae）重要识别特征：常绿乔木或灌木；叶条形、条状披针形、椭圆形或卵形，互生或对生。雌雄异株，雄球花穗状，雄蕊多数，各具花药 2，雌球花具螺旋状着生的苞片，仅顶端的苞腋着生 1 枚胚珠或苞腋均具胚珠，种子核果或坚果状，全部或部分为肉质或干薄的假种皮所包，基部具肉质或干瘦种托。

（1）罗汉松（*Podocarpus macrophyllus*）：常绿乔木。树皮浅纵裂成薄片状。叶条状披针形，先端短尖，两面中脉明显。雄球花簇生于叶腋，种子卵圆形，种托膨大肉质，紫红或暗紫色。

（2）竹柏（*Podocarpus nagi*）：常绿乔木。树皮片状剥落，叶卵形至椭圆形，厚革质，两面绿色。种子圆球形，种托干瘦。

4. 红豆杉科（Taxaceae）重要识别特征：常绿乔木或灌木；叶条形、条状披针形，螺旋状着生或交互对生，常扭成 2 列状。球花单性异株，种子核果状或坚果状，全部或部分为肉质假种皮所包。

红豆杉（*Taxus chinensis*）：常绿乔木。树皮浅裂。叶条形，略弯或较直，下面淡黄绿色，有 2 条气孔带，中脉带上密生微小圆形角质乳头状突起。种子卵圆形。国家一级重点保护植物。

（二）分科、分种识别代表植物

1. 根据实验材料，以科为单位，观察杉科、柏科、罗汉松科、红豆杉科植物的特征。

观察杉科、柏科、罗汉松科、红豆杉科植物的外观，比较乔木、灌木的树形大小、树皮、气味、叶形、叶序、叶缘、叶脉、球花、球果、种子等方面的特点，并进行归纳。

2. 根据实验材料，以种为单位，观察杉科、柏科、罗汉松科、红豆杉科代表种的特征。

借助放大镜或实体显微镜观察杉科、柏科、罗汉松科、红豆杉科各种植物的生长型、树皮、叶缘、叶形、叶序、球花、球果、种鳞、苞鳞、假种皮、种托形状、种子等方面的特点。

五、注意事项

1. 注意杉科和柏科共有的球果，罗汉松科和红豆杉科共有的假种皮特征。

2. 树种的实验材料可根据具体情况加以选择，实训内容和顺序也可以根据季节进行增减或调整。

六、实验结果记录

1. 识别杉科、柏科、罗汉松科、红豆杉科的特征。

科名 特征	杉科	柏科	罗汉松科	红豆杉科
树形大小				
树皮				
叶形				
叶序				
叶缘				
叶脉				
球花				
球果				
种子				

2. 识别代表种的特征。

特征 种名	生长型	树皮	叶缘、叶形	球花	球果	种鳞、苞鳞	假种皮、种托形状	种子

七、任务评价

识别完后，每个学生进行杉科、柏科、罗汉松科、红豆杉科科代表植物特征识别的考核。每写对一个科名、属名、种名分别得 1 分，写错或有错别字不得分；主要识别特征描述清楚，得 3 分；特征描述不清楚，根据情况酌情扣分。

<table>
<tr><th rowspan="2">序号</th><th rowspan="2">考核时间</th><th rowspan="2">分值</th><th colspan="4">考核内容</th><th rowspan="2">考核方法</th></tr>
<tr><th>科名（1分）</th><th>属名（1分）</th><th>种名（1分）</th><th>识别特征（3分）</th></tr>
<tr><td>1</td><td rowspan="16">30分钟</td><td>6</td><td></td><td></td><td></td><td></td><td rowspan="16">单人考核</td></tr>
<tr><td>2</td><td>6</td><td></td><td></td><td></td><td></td></tr>
<tr><td>3</td><td>6</td><td></td><td></td><td></td><td></td></tr>
<tr><td>4</td><td>6</td><td></td><td></td><td></td><td></td></tr>
<tr><td>5</td><td>6</td><td></td><td></td><td></td><td></td></tr>
<tr><td>6</td><td>6</td><td></td><td></td><td></td><td></td></tr>
<tr><td>7</td><td>6</td><td></td><td></td><td></td><td></td></tr>
<tr><td>8</td><td>6</td><td></td><td></td><td></td><td></td></tr>
<tr><td>9</td><td>6</td><td></td><td></td><td></td><td></td></tr>
<tr><td>10</td><td>6</td><td></td><td></td><td></td><td></td></tr>
<tr><td>11</td><td>6</td><td></td><td></td><td></td><td></td></tr>
<tr><td>12</td><td>6</td><td></td><td></td><td></td><td></td></tr>
<tr><td>13</td><td>6</td><td></td><td></td><td></td><td></td></tr>
<tr><td>14</td><td>6</td><td></td><td></td><td></td><td></td></tr>
<tr><td>15</td><td>6</td><td></td><td></td><td></td><td></td></tr>
<tr><td>16</td><td>10（职业素养）</td><td colspan="4">具有信息查询、搜集和整理的能力，自主学习的能力，思考、观察及分析问题、解决问题的能力得5分；具有吃苦耐劳的精神，自我管理能力强，团队协作精神和安全意识良好，热爱自然、保护环境得5分。不足之处酌情扣分。</td></tr>
</table>

任务五　观察识别木兰科、樟科、蔷薇科

一、任务目标

认知被子植物的基本特征，学会木兰科（Magnoliaceae）、樟科（Lauraceae）、蔷薇科（Rosaceae）科的识别方法，能说出科的特征，并能区别该三个科的代表植物，具有现场识别本地区常见木兰科、樟科、蔷薇科植物种类的能力。养成良好的科学、客观、严谨的态度；培养分析能力及团队协作精神，树立爱护植物、保护环境的意识。

二、完成形式

以小组为单位，每个同学利用所学的知识在教师的指导下，对所提供的木兰科、樟科、蔷薇科植物蜡叶标本和新鲜标本进行识别与观察，或现场识别。

三、备品与材料

1. 仪器设备：实体显微镜每组 2 台。

2. 材料与工具统计表。

序号	名　称	型号或规格	数量
1	放大镜		每组2台
2	枝剪、高枝剪、标本夹		每组各1

（续表）

序号	名称	型号或规格	数量
3	木兰科 Magnoliaceae： 玉兰（*Magnolia denudata*）、广玉兰（*Magnolia grandiflora*）、山玉兰（*Magnolia delavayi*）、二乔玉兰（*Magnolia soulangeana*）、望春玉兰（*Magnolia biondii*）、马关木莲（*Manglietia maguanica*）、中缅木莲（*Manglietia hookeri*）、云南含笑（*Michelia yunnanensis*）、含笑（*Michelia figo*）、黄心夜合（*Michelia martini*）、白兰花（*Michelia alba*）、黄兰花（*Michelia champaca*）、深山含笑（*Michelia maudiae*）、球花含笑（*Michelia sphaerantha*）、云南拟单性木兰（*Parakmeria yunnanensis*）、鹅掌楸（*Liriodendron chinense*） 樟科 Lauraceae： 香樟（*Cinnamomum camphora*）、云南樟（*Cinnamomum glanduliferum*）、肉桂（*Cinnamomum cassia*）、新樟（*Neocinnamomum delavayi*）、天竺桂（*Cinnamomum japonicum*）、滇润楠（*Machilus yunnanensis*）、长梗润楠（*Machilus longipedicellata*）、竹叶楠（*Phoebe faberi*）、香叶树（*Lindera communis*）、山鸡椒（*Litsea cubeba*） 蔷薇科 Rosaceae： 青刺尖（*Prinsepia utilis*）、川梨（*Pyrus pashia*）、云南山楂（*Crataegus scabrifolia*）、枇杷（*Eriobotrya japonica*）、牛筋条（*Dichotomanthes tristaniaecarpa*）、小叶栒子（*Cotoneaster microphyllus*）、火棘（*Pyracantha fortuneana*）、球花石楠（*Photinia glomerata*）、常绿蔷薇（*Rosa sempervirens*）、云南樱花（*Cerasus cerasoidesvar.rubea*）、垂丝海棠（*Malus halliana*）、海棠果（*Malus Chaenomeles*）、冬樱花（*Cerasus cerasoides var.majestica*）、棣棠花（*Kerria japonica*）	蜡叶标本或鲜叶标本	每组1套
4	植物检索表、参考书籍		每组1套

四、任务实施

（一）知识准备

1. 木兰科（Magnoliaceae）重要识别特征：落叶或常绿的乔木或灌木，叶、花有香气，单叶互生，托叶大，脱落后留存枝上有环状托叶痕，花大，单生枝顶或叶腋，两性，萼片和花瓣很相似分化不明显（统称花被），雄蕊、雌蕊均为多数，果实为聚合果，稀为翅果。

（1）玉兰（*Magnolia denudata*）：落叶乔木，呈阔伞形树冠；树皮灰色；叶薄革质，长椭圆形或披针状椭圆形，长 10~27 厘米，宽 4~9.5 厘米，先端长渐尖或尾状渐尖，基部楔形，干时两面网脉均很明显；叶柄长 1.5~2 厘米，托叶痕几达叶柄中部，花白色，极香；花被片 10 片，雄蕊、雌蕊多数，心皮多数，通常部分不发育，蓇葖熟时鲜红色。

（2）广玉兰（*Magnolia grandiflora*）：常绿乔木，树皮淡褐色或灰色，小枝、芽、叶下面，叶柄、均密被褐色或灰褐色短绒毛（幼树的叶下面无毛），叶厚革质，椭圆形，长圆状椭圆形或倒卵状椭圆形，长 10~20 厘米，宽 4~7（~10）厘米，花白色，有芳香，花被片 9~12 片，雄蕊花丝扁平，紫色，花药内向，雌蕊群椭圆体形，心皮卵形，花柱呈卷曲状，聚合果圆柱状长圆形或卵圆形，长 7~10 厘米，径 4~5 厘米，密被褐色或淡灰黄色绒毛。

（3）山玉兰（*Magnolia delavayi*）：常绿乔木，树皮灰色或灰黑色，粗糙而开裂。嫩枝榄绿色，被淡黄褐色平伏柔毛，老枝粗壮，具圆点状皮孔，叶厚革质，卵形，卵状长圆形，边缘波状，叶柄上的托叶痕与叶柄等长，花芳香，花被片 9~10 片，外轮 3 片淡绿色，长圆形，向外反卷，内两轮乳白色，倒卵状匙形，聚合果卵状长圆体形。

（4）二乔玉兰（*Magnolia soulangeana*）：落叶小乔木，叶倒

卵圆形至宽椭圆形，长 6~15 厘米，宽 4~15 厘米，表面绿色，具光泽，背面淡绿色，被柔毛；叶柄短，被柔毛，花先叶开放；花被片 9 片，外轮花被片长度为内轮花被片的 2/3，淡紫红色、玫瑰色或白色，具紫红色晕或条纹；雄蕊药室侧向纵裂；离生单雌蕊无毛或有毛；果为蓇葖果。

（5）望春玉兰（*Magnolia biondii*）：落叶乔木，树皮淡灰色，光滑，叶椭圆状披针形、卵状披针形，狭倒卵或卵形长 10~18 厘米，宽 3.5~6.5 厘米，叶柄长 1~2 厘米，花先叶开放，芳香；花被片 9 片，外轮 3 片紫红色，近狭倒卵状条形，长约 1 厘米，中内两轮近匙形，白色，外面基部常紫红色，长 4~5 厘米，宽 1.3~2.5 厘米，内轮的较狭小；雄蕊长 8~10 毫米，紫色；雌蕊群长 1.5~2 厘米。聚合果圆柱形，长 8~14 厘米。

（6）马关木莲（*Manglietia maguanica*）：常绿乔木，小枝绿色，干后褐色，无毛。叶革质，披针形，长圆状披针形或椭圆形，长 24~30 厘米，宽 5.6~7.5 厘米，上面亮绿，下面苍绿，幼时被白粉，两面均无毛；花大，芳香，单生枝顶；花被片 9 片，倒卵状匙形，外轮 3 片紫红色带绿，内 2 轮 6 片中上部紫红色，基部白色；雌蕊群椭圆体形，聚合果卵状圆筒形。

（7）中缅木莲（*Manglietia hookeri*）：常绿乔木，叶披针形、长圆状倒卵形或狭倒卵形，长 20~30 厘米，宽 6~10 厘米，两面无毛；花白色，花被片 9~12 片，外轮 3 片基部绿色，上部乳白色，倒卵状长圆形，长 6~8 厘米，宽 2.5~3 厘米，中内 2 轮厚肉质，倒卵形或匙形，长 6~8 厘米，宽 1.5~2.5 厘米，基部狭长成爪，聚合果卵状长圆体形或近圆柱形。

（8）云南含笑（*Michelia yunnanensis*）：常绿灌木，芽、嫩枝、嫩叶上面及叶柄、花梗密被深红色平伏毛。叶革质，倒卵形、狭倒卵形、狭倒卵状椭圆形，花白色，极芳香，花被片 6~12（~17）

片，倒卵形，倒卵状椭圆形，长 3~3.5 厘米，宽 1~1.5 厘米，内轮的狭小，雄蕊长 0.5~1 厘米，花丝白色，雌蕊群及雌蕊群柄均被红褐色平伏细毛，雌蕊群卵圆形或长圆状卵圆形，聚合果通常仅 5~9 个蓇葖发育，蓇葖扁球形。

（9）含笑（*Micheliafigo*）：常绿灌木，树皮灰褐色，芽、嫩枝、叶柄、花梗均密被黄褐色绒毛。叶革质，狭椭圆形或倒卵状椭圆形，长 4~10 厘米，宽 1.8~4.5 厘米，先端钝短尖，基部楔形或阔楔形，花淡黄色而边缘有时红色或紫色，具甜浓的芳香，花被片 6 片，肉质较肥厚，长椭圆形，雄蕊长 7~8 毫米，雌蕊群无毛，长约 7 毫米，超出于雄蕊群；雌蕊群柄长约 6 毫米，被淡黄色绒毛。聚合果长 2~3.5 厘米。

（10）黄心夜合（*Michelia martinii*）：常绿乔木，树皮灰色，平滑；芽卵圆形或椭圆状卵圆形，密被灰黄色或红褐色竖起长毛。叶革质，倒披针形或狭倒卵状椭圆形，长 12~18 厘米，宽 3~5 厘米，先端急尖或短尾状尖，基部楔形或阔楔形，上面中脉凹下，侧脉每边 11~17 条，近平行，叶柄长 1.5~2 厘米，无托叶痕；花淡黄色、芳香，花被片 6~8 片，外轮倒卵状长圆形，内轮倒披针形，雄蕊长 1.3~1.8 厘米，花丝紫色；雌蕊群长约 3 厘米，淡绿色，聚合果长 9~15 厘米，扭曲。

（11）白兰花（*Michelia alba*）：常绿乔木，树皮灰色；揉枝叶有芳香；嫩枝及芽密被淡黄白色微柔毛，叶薄革质，长椭圆形或披针状椭圆形，干时两面网脉均很明显。叶柄上的托叶痕长不及叶柄长的 1/2，花白色，极香；花被片 10 片，披针形；雌蕊心皮多数，成熟时随着花托的延伸，形成蓇葖疏生的聚合果；蓇葖熟时鲜红色。

（12）黄兰花（*Michelia champaca*）：常绿乔木，叶片互生有时呈螺旋状，宽倒卵形至倒卵形，长 10~18 厘米，宽 6~12 厘米，先端圆宽，平截或微凹，具短突尖，中部以下渐狭楔形，全缘，叶柄上的托叶痕长为叶柄长的1/2以上，花芳香，橙黄色，聚合果。

（13）深山含笑（*Michelia maudiae*）：常绿乔木，各部均无毛；树皮薄、浅灰色或灰褐色平滑不裂；芽、嫩枝、叶下面、苞片均被白粉。叶互生，革质深绿色，长圆状椭圆形，长7~18厘米，宽3.5~8.5厘米，侧脉每边7~12条，直或稍曲，至近叶缘开叉网结、网眼致密，无托叶痕。花芳香，花被片9片，纯白色，基部稍呈淡红色，外轮的倒卵形，基部具长约1厘米的爪，内两轮则渐狭小；近匙形，雄蕊长1.5~2.2厘米，花丝宽扁，淡紫色，雌蕊群长1.5~1.8厘米；心皮绿色，聚合果长7~15厘米，种子红色，斜卵圆形，稍扁。

（14）球花含笑（毛果含笑）（*Michelia sphaerantha*）：常绿乔木，芽圆柱形，被褐色绒毛；叶革质，倒卵状长圆形或长圆形，长16~20厘米，宽8.5~10.5厘米，中脉在叶面凹下，侧脉每边9~12条，网脉致密，干时两面凸起；叶柄无托叶痕，花被白色，花被片12片，近相似，狭倒卵形，长6~7.5厘米，宽1~2.5厘米；雄蕊多数，雌蕊群圆柱形，雌蕊多数，聚合果长19~24厘米，成熟蓇葖卵圆形，深褐色，被微白色皮孔。

（15）云南拟单性木兰（*Parakmeria yunnanensis*）：常绿乔木，树皮灰白色，光滑不裂。叶薄革质，卵状长圆形或卵状椭圆形、长6.5~15（~20）厘米，宽2~5厘米，上面绿色，下面浅绿色，嫩叶紫红色，侧脉每边7~15条，两面网脉明显，雄花、两性花异株，芳香；雄花：花被片12片，4轮，外轮红色，倒卵形，内3轮白色，肉质，雄蕊约30枚，花丝红色；两性花：花被片与雄花同而雄蕊极少，雌蕊群卵圆形，绿色，聚合果长圆状卵圆形。

（16）鹅掌楸（*Liriodendron chinense*）：落叶大乔木，小枝灰色或灰褐色。叶形如马褂，叶片的顶部平截，花单生枝顶，花被片 9 片，外轮 3 片萼状，绿色，内 2 轮花瓣状黄绿色，基部有黄色条纹，聚合果长 7~9 厘米，具翅的小坚果长约 6 毫米。

2. 樟科（Lauraceae）重要识别特征：多为乔木或灌木，仅有无根藤属为缠绕寄生草本；常有含油或黏液的细胞。叶互生，对生，近对生或轮生，全缘，羽状脉，三出脉或离基三出脉，花常两性，组成圆锥、聚伞、总状或伞形花序，单被花，花药瓣裂，浆果或核果。

（1）香樟（*Cinnamomum camphora*）：常绿大乔木，枝、叶及木材均有樟脑气味；树皮黄褐色，有不规则的纵裂。叶互生，卵状椭圆形，长 6~12 厘米，宽 2.5~5.5 厘米，边缘全缘，具离基三出脉，侧脉及支脉脉腋上面明显隆起下面有明显腺窝，圆锥花序腋生，花绿白或带黄色，花被筒倒锥形，果卵球形或近球形，紫黑色；果托杯状。

（2）云南樟（*Cinnamomum glanduliferum*）：常绿乔木，树皮灰褐色，内皮红褐色，具有樟脑气味。叶互生，叶形变化很大，椭圆形至卵状椭圆形或披针形，长 6~15 厘米，宽 4~6.5 厘米，革质，羽状脉或偶有近离基三出脉，侧脉每边 4~5 条，侧脉脉腋在上面明显隆起下面有明显的腺窝，窝穴内被毛或变无毛，圆锥花序腋生，花小，淡黄色；花被裂片 6 片，宽卵圆形，近等大，果球形，黑色；果托狭长倒锥形。

（3）肉桂（*Cinnamomum cassia*）：常绿乔木；树皮灰褐色，老树皮厚达 13 毫米，叶互生或近对生，长椭圆形至近披针形，长 8~16（~34）厘米，宽 4~5.5（~9.5）厘米，离基三出脉，侧脉近对生，圆锥花序腋生或近顶生，花白色，花被筒倒锥形，花被裂片卵状长圆形，近等大，果椭圆形，成熟时黑紫色，无毛；果托浅杯状。

（4）新樟（*Neocinnamomum delavayi*）：灌木或小乔木，叶互生，椭圆状披针形至卵圆形或宽卵圆形，长（4）5~11 厘米，宽（1.5）2~6 厘米，基部锐尖至楔形，两侧常不相等，近革质，三出脉，团伞花序腋生，具（1）4~6（~10）花；花小，黄绿色，花被筒极短；花被片 6 片，果卵球形，成熟时红色；果托高脚杯状。

（5）天竺桂（*Cinnamomum japonicum*）：常绿乔木，叶近对生或在枝条上部者互生，卵圆状长圆形至长圆状披针形，长 7~10 厘米，宽 3~3.5 厘米，革质，离基三出脉，圆锥花序腋生，末端为 3~5 朵花的聚伞花序。花被筒倒锥形，短小，花被裂片 6 片，卵圆形，果长圆形，果托浅杯状。

（6）滇润楠（*Machilus yunnanensis*）：常绿乔木，叶互生，疏离，倒卵形或倒卵状椭圆形，间或椭圆形，长（5）7~9（~12）厘米，宽（2）3.5~4（~5）厘米，两侧有时不对称，革质，羽状网脉，圆锥花序由 1~3 花聚伞花序组成，有时圆锥花序上部或全部的聚伞花序仅具 1 花，后种情况花序呈假总状花序，果卵球形，熟时黑蓝色，具白粉，宿存花被片不增大，反折。

（7）长梗润楠（*Machilus longipedicellata*）：常绿乔木，叶互生，疏离或聚生于枝顶，椭圆形、长圆形或倒卵形至倒卵状长圆形，长 6.5~15（~20）厘米，宽 2.5~5 厘米，薄革质，羽状网脉，聚伞状圆锥花序多数，生于短枝下部，花淡绿黄、淡黄至白色，果球形，宿存花被片反折，果梗红色。

（8）竹叶楠（*Phoebe faberi*）：常绿乔木，叶厚革质或革质，长圆状披针形或椭圆形，长 7~12（~15）厘米，宽 2~4.5 厘米，侧脉每边 12~15 条，叶缘外反，花序多个，生于新枝下部叶腋，花黄绿色，花被片卵圆形，果球形，宿存花被片卵形，革质，略紧贴或松散，先端外倾。

（9）香叶树（*Lindera communis*）：常绿灌木或小乔木，叶互生，通常披针形、卵形或椭圆形，长（3）4~9（~12.5），宽（1）1.5~3（~4.5）厘米，伞形花序具 5~8 朵花，单生或二个同生于叶腋，雄花黄色，直花被片 6 片，卵形，近等大，雌花黄色或黄白色，花被片 6 片，卵形，果卵形，成熟时红色。

（10）山鸡椒（*Litsea cubeba*）：落叶灌木或小乔木，树皮幼时黄绿色，老时灰褐色，叶互生，纸质，有香气，披针形或长圆状披针形，长 7~11 厘米，宽 1.4~2.4 厘米，全缘，羽状脉，侧脉每边 6~10 条，伞形花序单生或簇生，每一花序有花 4~6 朵，先叶开放或与叶同时开放，花被裂片 6 片，宽卵形；退化雌蕊无毛；雌花中退化雄蕊中下部具柔毛；果近球形，幼时绿色，成熟时黑色。

3. 蔷薇科（Rosa ceae）重要识别特征：叶互生，常有托叶，花两性，整齐；花托凸隆至凹陷；花部 5 基数，轮状排列；花被与雄蕊常结合成花筒；子房上位，果实为蓇葖果、瘦果、梨果或核果。

（1）青刺尖（*Prinsepia utilis*）：落叶灌木，枝具棱，一般是灰绿色，常有白色粉霜，具枝刺，单叶互生或丛生，厚纸质至革质；狭卵形至披针形，长 2~6.5 厘米，宽 1~2.2 厘米，边缘具细锯齿，或几乎全缘，总状花序腋生或生于侧枝顶端，有花 3~8 朵，白色；萼片 5 片，花瓣 5 片，雄蕊多数多列；雌蕊 1 枚，核果椭圆形，成熟时暗紫红色，有粉霜，基部有花后膨大的萼片。

（2）川梨（*Pyrus pashia*）：落叶乔木，常具枝刺；叶片卵形至长卵形，长 4~7 厘米，宽 2~5 厘米，边缘有钝锯齿，在幼苗或萌蘖上的叶片常具分裂并有尖锐锯齿，伞形总状花序，具花 7~13 朵，花瓣倒卵形，基部具短爪，白色；雄蕊 25~30 枚，稍短于花瓣；果实近球形，褐色，有斑点。

（3）云南山楂（*Crataegus scabrifolia*）：落叶乔木，树皮黑灰色，叶片卵状披针形至卵状椭圆形，长 4~8 厘米，宽 2.5~4.5 厘米，边缘有稀疏不整齐圆钝重锯齿，通常不分裂或在不孕枝上少数叶片顶端有不规则的 3~5 浅裂。伞房花序或复伞房花序，花瓣近圆形或倒卵形，白色；雄蕊 20 枚，比花瓣短；果实扁球形，黄色或带红晕，萼片宿存；小核 5 粒。

（4）枇杷（*Eriobotrya japonica*）：常绿小乔木，小枝粗壮，黄褐色，密生锈色或灰棕色绒毛。叶片革质，披针形、倒披针形、倒卵形或椭圆长圆形，长 12~30 厘米，宽 3~9 厘米，上部边缘有疏锯齿，基部全缘，侧脉 11~21 对；圆锥花序顶生，花瓣白色，长圆形或卵形，基部具爪，有锈色绒毛；雄蕊 20 枚，远短于花瓣，果实球形或长圆形，黄色或橘黄色。

（5）牛筋条（*Dichotomanthes tristaniaecarpa*）：常绿灌木至小乔木，枝条丛生，小枝幼时密被黄白色绒毛，老时灰褐色，无毛；树皮光滑，暗灰色，密被皮孔，叶片长圆披针形，有时倒卵形、倒披针形至椭圆形，长 3~6 厘米，宽 1.5~2.5 厘米，全缘，花多数，密集成顶生复伞房花序，花瓣白色，平展，近圆形或宽卵形，基部有极短爪；雄蕊 20 枚，短于花瓣，果期心皮干燥，革质，褐色至黑褐色，突出于肉质红色杯状萼筒之中。

（6）小叶栒子（*Cotoneaster microphyllus*）：常绿矮生灌木，叶片厚革质，倒卵形至长圆倒卵形，长 4~10 毫米，宽 3.5~7 毫米，叶边反卷；花通常单生，稀 2~3 朵，花瓣平展，白色；雄蕊 15~20 枚，短于花瓣；果实球形，红色，内常具 2 小核。

（7）火棘（*Pyracantha fortuneana*）：常绿灌木，侧枝短，先端成刺状，叶片倒卵形或倒卵状长圆形，长 1.5~6 厘米，宽 0.5~2 厘米，边缘有钝锯齿，齿尖向内弯，近基部全缘，花集成复伞房花序，花瓣白色，近圆形，果实近球形，橘红色或深红色。

（8）球花石楠（*Photinia glomerata*）：常绿灌木或小乔木，幼枝密生黄色绒毛，老枝无毛，紫褐色，叶片革质，长圆形、披针形、倒披针形或长圆披针形，花多数，密集成顶生复伞房花序，萼筒杯状，萼片卵形，花瓣白色，近圆形，果实卵形，红色。

（9）常绿蔷薇（*Rosa sempervirens*）：常绿攀援灌木，枝上有皮刺，羽状复叶，小叶 3~7 片，其形状呈卵形，花 3~7 朵生长，花瓣是白色的，花瓣呈卵形，雄蕊多数，果实是蔷薇果，其表面光滑，颜色是红色的，形状呈卵形。

（10）云南樱花（*Cerasus cerasoidesrubea*）：落叶乔木，老枝灰黑色，叶互生，叶片近革质，卵状披针形或长圆状，长 4~12 厘米，宽 2.2~4.8 厘米，叶边有细锐重锯齿齿端有小腺体，侧脉 10~15 对，伞形花序，有花 1~3 朵，花瓣卵圆形，先端圆钝或微凹，花粉红色至深红色；雄蕊 32~34 枚，短于花瓣，核果卵圆形，熟时紫黑色。

（11）垂丝海棠（*Malus halliana*）：落叶小乔木，叶片卵形或椭圆形至长椭卵形，伞房花序，具花 4~6 朵，花梗细弱下垂，紫色；萼筒外面无毛；萼片三角卵形，花瓣倒卵形，基部有短爪，粉红色，常在 5 数以上；果实梨形或倒卵形。

（12）海棠果（*Malus chaenomeles*）：落叶小乔木，叶片厚革质，宽椭圆形或倒卵状椭圆形，稀长圆形，长 8~15 厘米，宽 4~8 厘米，总状花序或圆锥花序近顶生，有花 7~11 朵，花两性，白色，微香，雄蕊多数，果圆球形，成熟时黄色。

（13）冬樱花（*Cerasus cerasoides var.majestica*）：落叶乔木，单叶互生，卵状披针形或长椭圆形，边缘具有细锐重锯齿，伞形总状花序，1~9 朵多花簇生，粉红色，核果。

（14）棣棠花（*Kerria japonica*）：落叶灌木，叶互生，三角状卵形或卵圆形，边缘有尖锐重锯齿，两面绿色，单花，着生在当年生侧枝顶端，花瓣黄色，宽椭圆形，瘦果倒卵形至半球形，褐色或黑褐色，表面无毛，有皱褶。

（二）分科、分种识别代表植物

1. 根据实验材料，以科为单位，观察木兰科、樟科、蔷薇科植物的特征。

观察木兰科、樟科、蔷薇科植物的外观，比较各科在树形大小、树皮、气味、叶形、叶脉、叶缘、叶序、叶的类型、花冠类型、花序类型、雄蕊类型、雌蕊类型、果实类型等方面的特点。

2. 根据实验材料，以种为单位，观察木兰科、樟科、蔷薇科各代表植物的特征。

借助放大镜或实体显微镜观察木兰科、樟科、蔷薇科各种植物的生长型、树皮、气味、长短枝、叶缘、叶序、叶脉、花冠、雌蕊、雄蕊、果实等方面的特点。

五、注意事项

树种的实验材料可根据本地具体情况加以选择，实训内容和顺序也可以根据季节进行增减或调整。

六、实验结果记录

1. 识别木兰科、樟科、蔷薇科的特征。

科名 特征	木兰科	樟科	蔷薇科
生长型			
枝干			
叶序			
叶脉			
叶缘			
花被			
雌蕊			
雄蕊			
花序			
果实			

2. 识别代表种的特征。

特征 种名	生长型	托叶痕	叶序	叶脉	叶缘	花被	雌蕊	雄蕊	花序	果实

七、任务评价

识别完后，每个学生进行木兰科、樟科、蔷薇科三科代表植物特征识别的考核。每写对一个科名、属名、种名分别得 1 分，写错或有错别字不得分；主要识别特征描述清楚，得 3 分；特征描述不清楚，根据情况酌情扣分。

（续表）

<table>
<tr><th rowspan="2">序号</th><th rowspan="2">考核时间</th><th rowspan="2">分值</th><th colspan="4">考核内容</th><th rowspan="2">考核方法</th></tr>
<tr><th>科名（1分）</th><th>属名（1分）</th><th>种名（1分）</th><th>识别特征（3分）</th></tr>
<tr><td>1</td><td rowspan="6">30分钟</td><td>6</td><td></td><td></td><td></td><td></td><td rowspan="6">单人考核</td></tr>
<tr><td>2</td><td>6</td><td></td><td></td><td></td><td></td></tr>
<tr><td>3</td><td>6</td><td></td><td></td><td></td><td></td></tr>
<tr><td>4</td><td>6</td><td></td><td></td><td></td><td></td></tr>
<tr><td>5</td><td>6</td><td></td><td></td><td></td><td></td></tr>
<tr><td>6</td><td>6</td><td></td><td></td><td></td><td></td></tr>
<tr><td>7</td><td rowspan="10">30分钟</td><td>6</td><td></td><td></td><td></td><td></td><td rowspan="10">单人考核</td></tr>
<tr><td>8</td><td>6</td><td></td><td></td><td></td><td></td></tr>
<tr><td>9</td><td>6</td><td></td><td></td><td></td><td></td></tr>
<tr><td>10</td><td>6</td><td></td><td></td><td></td><td></td></tr>
<tr><td>11</td><td>6</td><td></td><td></td><td></td><td></td></tr>
<tr><td>12</td><td>6</td><td></td><td></td><td></td><td></td></tr>
<tr><td>13</td><td>6</td><td></td><td></td><td></td><td></td></tr>
<tr><td>14</td><td>6</td><td></td><td></td><td></td><td></td></tr>
<tr><td>15</td><td>6</td><td></td><td></td><td></td><td></td></tr>
<tr><td>16</td><td>10（职业素养）</td><td colspan="4">具有信息查询、搜集和整理的能力，自主学习的能力，思考、观察及分析问题、解决问题的能力得5分；具有吃苦耐劳的精神，自我管理能力强，团队协作精神和安全意识良好，热爱自然、保护环境得5分。不足之处酌情扣分。</td></tr>
</table>

任务六　观察识别含羞草科、苏木科、蝶形花科

一、任务目标

学会含羞草科（Mimosaceae）、苏木科（Caesalpiniaceae）、蝶形花科（Papilionaceae）科的识别方法，能说出科的特征，并能区别该三个科的代表植物，具有现场识别本地区常见含羞草科、苏木科、蝶形花科植物种类的能力。养成良好的科学、客观、严谨的态度；培养分析能力及团队协作精神，树立爱护植物、保护环境的意识。

二、完成形式

以小组为单位，每个同学利用所学的知识在教师的指导下，对所提供的含羞草科、苏木科、蝶形花科的植物蜡叶标本和新鲜标本进行识别与观察，或现场识别。

三、备品与材料

1. 仪器设备：实体显微镜每组 2 台。

2. 材料与工具统计表。

序号	名　称	型号或规格	数量
1	放大镜		每组2台
2	枝剪、高枝剪、标本夹		每组各1

（续表）

序号	名　称	型号或规格	数量
3	含羞草科 Mimosaceae： 银荆（圣诞树）（*Acacia dealbata*）、 黑荆树（*Acacia mearnsii*）、 合欢（*Albizia julibrissin*）、 台湾相思（*Acacia richii*） 苏木科 Caesalpiniaceae： 皂荚（*Gleditsia sinensis*）、紫荆（*Cercis chinensis*）、 云南紫荆（*Cercis yunnanensis*）、 双荚决明（*Cassia bicapsularis*）、 红花羊蹄甲（*Bauhinia blakeana*）、 鞍叶羊蹄甲（*Bauhinia brachycarpa*）、 蝶形花科 Papilionaceae： 槐（*Sophora japonica*）、 刺槐（*Robinia pseudoacacia*）、 白刺花（*Sophoradavidii*）、紫藤（*Wisteria sinensis*）、 常春油麻藤（*Mucuna sempervirens*）、 巴豆藤（*Craspedolobium schochii*）、 小雀花（*Campylotropis polyantha*）， 刺桐（*Erythrina variegata*）	蜡叶标本或鲜叶标本	每组1套
4	植物检索表、参考书籍		每组1套

四、任务实施

（一）知识准备

1. 含羞草科（Mimosaceae）的重要识别特征：乔木、灌木、藤本、稀草本。二回羽状复叶稀一回羽状复叶，互生，小叶全缘；穗状、总状或头状花序；花小，两性或杂性，辐射对称；萼管状，花瓣与萼齿同数，镊合状排列，分离或合生成短管；雄蕊5~10枚或多数，分离或合生成单体雄蕊，荚果。

（1）银荆（圣诞树）（*Acacia dealbata*）：常绿乔木，嫩枝

及叶轴被灰色短绒毛，被白霜。二回羽状复叶，每对羽片间常有凹陷的腺体 1 枚，排列整齐，羽片 10~20（~25）对；小叶 26~46 对，头状花序，排成腋生的总状花序或顶生的圆锥花序；花淡黄或橙黄色。荚果长圆形，扁压，通常被白霜，红棕色或黑色。

（2）黑荆树（*Acacia mearnsii*）：常绿乔木，幼树皮绿色，光滑，后变棕褐色至黑褐色，有裂纹，内皮红色。小枝具棱，密被短绒毛。二回羽状复叶，每对羽片间常有凹陷的腺体 1~2 枚；排列不整齐，羽片 8~20 对，每羽片有小叶 60~80（~120）枚，小叶在羽片上排列紧密；头状花序，排成腋生的总状花序或顶生的圆锥花序；花乳白色，荚果长圆形，扁压。

（3）合欢（*Albizia julibrissin*）：落叶乔木，二回羽状复叶，总叶柄近基部及最顶一对羽片着生处各有 1 枚腺体；羽片 4~12 对，栽培的有时达 20 对；小叶 10~30 对，线形至长圆形，向上偏斜，中脉紧靠上边缘，形似菜刀，头状花序于枝顶排成圆锥花序；花粉红色；花萼管状，花冠长 8 毫米，裂片三角形，花萼、花冠外均被短柔毛；花丝长 2.5 厘米，荚果带状，长 9~15 厘米，宽 1.5~2.5 厘米，嫩荚有柔毛，老荚无毛。

（4）台湾相思（*Acacia richii*）：常绿乔木，枝灰色或褐色，无刺，苗期第一片真叶为羽状复叶，长大后小叶退化，叶柄变为叶状柄，叶状柄革质，披针形，直或微呈弯镰状，有明显的纵脉 3~5（~8）条；头状花序球形，单生或2~3个簇生于叶腋，花金黄色，有微香；花萼长约为花冠之半；花瓣淡绿色，雄蕊多数，荚果扁平，干时深褐色，有光泽，于种子间微缢缩。

2. 苏木科（Caesalpiniaceae）重要识别特征：乔木、灌木或稀为草本；叶为一至二回羽状复叶，稀单叶，花左右对称，排成总状花序或圆锥花序，稀为聚伞花序；萼片 5 片或上面 2 枚合生；花瓣 5 片或更少或缺，上面 1 枚芽时位于最内面，其余的为覆瓦状排列；雄蕊通常 10 枚，荚果各式，通常 2 瓣开裂。本科和豆科中的其他 2 亚科不同之点为花略左右对称，上面 1 片花瓣在最内面，无旗瓣、翼瓣和龙骨瓣之分，雄蕊数有限。

（1）皂荚（*Gleditsia sinensis*）：落叶乔木或小乔木，枝灰色至深褐色；刺粗壮，圆柱形，常分枝，多呈圆锥状，叶为一回羽状复叶，小叶（2）3~9对，纸质，卵状披针形至长圆形，基部圆形或楔形，有时稍歪斜，边缘具细锯齿，花杂性，黄白色，组成总状花序；花序腋生或顶生，雄花：萼片4片，花瓣4片，雄蕊8（6）枚；退化雌蕊长2.5毫米；两性花：萼、花瓣与雄花的相似，雄蕊8枚；荚果带状，长12~37厘米，宽2~4厘米，劲直或扭曲，果肉稍厚，两面臌起，果瓣革质，褐棕色或红褐色，常被白色粉霜。

（2）紫荆（*Cercis chinensis*）：丛生或单生灌木，树皮和小枝灰白色。叶纸质，近圆形或三角状圆形，长 5~10 厘米，宽与长相若或略短于长，先端急尖，基部浅至深心形，叶缘膜质透明，新鲜时明显可见，花紫红色或粉红色，2~10 余朵成束，簇生于老枝和主干上，尤以主干上花束较多，越到上部幼嫩枝条则花越少，通常先于叶开放，但嫩枝或幼株上的花则与叶同时开放，荚果扁狭长形，绿色，长 4~8 厘米，宽 1~1.2 厘米，翅宽约 1.5 毫米。

（3）云南紫荆（*Cercis yunnanensis*）：小乔木，高达 10 米；树皮黑色，不规则薄片开裂，叶互生，心形或近圆形，长 5.5~13.5 厘米，基部心形，稀平截，总状花长达 1.2 厘米，下垂，较短，具花 8~24 枚；荚果扁平，长达 12 厘米，宽 1~1.5 厘米，沿腹缝线有狭翅，网脉明显。

（4）双荚决明（*Cassia bicapsularis*）：直立灌木，多分枝，羽状复叶，有小叶 3~4 对；在最下方的一对小叶间有黑褐色线形而钝头的腺体 1 枚，总状花序生于枝条顶端的叶腋间，常集成伞房花序状，花鲜黄色，雄蕊 10 枚，7 枚能育，3 枚退化而无花药，能育雄蕊中有 3 枚特大，高出于花瓣，4 枚较小，短于花瓣。荚果圆柱状，膜质，直或微曲，缝线狭窄。

（5）红花羊蹄甲（*Bauhinia blakeana*Dunn）：常绿乔木，叶革质，圆形或阔心形，顶端二裂，状如羊蹄，裂片约为全长的1/3，裂片端圆钝。总状花序或有时分枝而呈圆锥花序状；红色或红紫色；花大如掌，花瓣5片，其中4瓣分列两侧，两两相对，而另一瓣则翘首于上方，形如兰花状；花香，能育雄蕊5枚，其中3枚较长；退化雄蕊2~5枚，丝状，极细；通常不结果。

（6）鞍叶羊蹄甲（*Bauhinia brachycarpa*）：直立或攀援小灌木，叶纸质或膜质，近圆形，通常宽度大于长度，长 3~6 厘米，宽 4~7 厘米，基部近截形、阔圆形或有时浅心形，先端 2 裂达中部，基出脉 7~9（~11）条；伞房式总状花序侧生，有密集的花 10 余朵；萼佛焰状，裂片 2 片；花瓣白色，具羽状脉；能育雄蕊通常 10 枚，其中 5 枚较长，荚果长圆形，扁平，成熟时开裂，果瓣革质，开裂后扭曲。

3.蝶形花科（Papilionaceae）重要识别特征：草本、灌木或乔木，直立或攀援状；叶通常互生，复叶，很少为单叶，花两性，两侧对称，具蝶形花冠；常组成总状花序或圆锥花序，少为头状花序或穗状花序；萼管通常5裂，花瓣5片，最外面的1片为旗瓣，两侧多少平行的两片为翼瓣，位于最下、最内面的两片，下侧边缘合生成龙骨瓣；雄蕊10枚，合生为单体或二体（通常9枚合生为一管，对着旗瓣的1枚离生而成9+1的二体，稀为5枚各自合生为相等的二体），雌蕊1枚，子房上位，1室，荚果不开裂或开裂为2果瓣，或由2至多个各具1种子的荚节组成。

（1）槐（*Sophora japonica*）：乔木，树皮灰褐色，具纵裂纹，羽状复叶长达 25 厘米；叶柄基部膨大，包裹着芽；小叶 4~7 对，纸质，卵状披针形或卵状长圆形，圆锥花序顶生，花萼浅钟状，萼齿 5，近等大，圆形或钝三角形，花冠白色或淡黄色，旗瓣近圆形，有紫色脉纹，翼瓣卵状长圆形，无皱褶，龙骨瓣阔卵状长圆形，与翼瓣等长，雄蕊近分离，荚果串珠状，种子间缢缩不明显，种子排列较紧密，具肉质果皮，成熟后不开裂。

（2）刺槐（*Robinia pseudoacacia*）：落叶乔木，树皮灰褐色至黑褐色，浅裂至深纵裂，具托叶刺，长达 2 厘米；羽状复叶长 10~25（~40）厘米；叶轴上面具沟槽；小叶 2~12 对，常对生，总状花序腋生，长 10~20 厘米，下垂，花多数，芳香；花萼斜钟状，萼齿 5，花冠白色，各瓣均具瓣柄，旗瓣近圆形，内有黄斑，翼瓣斜倒卵形，与旗瓣几等长，龙骨瓣镰状，与翼瓣等长或稍短，前缘合生，雄蕊二体，对旗瓣的 1 枚分离；荚果褐色，或具红褐色斑纹。

（3）白刺花（*Sophora davidii*）：灌木或小乔木，不育枝末端明显变成刺，羽状复叶，小叶 5~9 对，形态多变，一般为椭圆状卵形或倒卵状长圆形，总状花序着生于小枝顶端；花小，花萼钟状，稍歪斜，蓝紫色，萼齿 5，不等大，花冠白色或淡黄色，有时旗瓣稍带红紫色，旗瓣倒卵状长圆形，翼瓣与旗瓣等长，单侧生，倒卵状长圆形，明显具海绵状皱褶，龙骨瓣比翼瓣稍短，镰状倒卵形，雄蕊 10 枚，等长，基部连合不到三分之一；荚果非典型串珠状，稍压扁。

（4）紫藤（*Wisteria sinensis*）：落叶藤本。茎右旋，枝较粗壮，嫩枝被白色柔毛，后秃净；冬芽卵形。奇数羽状复叶长 15 ~ 25 厘米；小叶 3~6 对，纸质，卵状椭圆形至卵状披针形，上部小叶较大，基部 1 对最小，总状花序发自种植一年短枝的腋芽或顶芽，花序轴被白色柔毛；花长 2~2.5 厘米，芳香；花萼杯状，密被细绢毛，花冠紫色，旗瓣圆形，花开后反折，基部有 2 胼胝体，翼瓣长圆形，基部圆，龙骨瓣较翼瓣短，阔镰形，荚果倒披针形，密被绒毛，悬垂枝上不脱落。

（5）常春油麻藤（*Mucuna sempervirens*）：常绿木质藤本，树皮有皱纹，羽状复叶具 3 片小叶，叶长 21~39 厘米；小叶纸质或革质，顶生小叶椭圆形，长圆形或卵状椭圆形，侧生小叶极偏斜，侧脉 4~5 对，总状花序生于老茎上，每节上有 3 朵花，无香气或有臭味；花萼密被暗褐色伏贴短毛，外面被稀疏的金黄色或红褐色脱落的长硬毛，花冠深紫色，翼瓣长 4.8~6 厘米，龙骨瓣长 6~7 厘米，雄蕊管长约 4 厘米，果木质，带形，具伏贴红褐色短毛和长的脱落红褐色刚毛。

（6）巴豆藤（*Craspedolobium schochi*i）：攀援灌木，羽状三出复叶，长12~18厘米；叶柄长占4~7厘米，叶轴上面具狭沟；小叶倒阔卵形至宽椭圆形，顶生小叶较大或近等大，侧生小叶两侧不等大，歪斜，侧脉5~7对，总状花序着生枝端叶腋，长15~25厘米，常多枝聚集成大型的复合花序，节上簇生3~5朵花；花萼钟状，花冠红色，花瓣近等长。荚果线形，密被褐色细绒毛，腹缝具狭翅。

（7）小雀花（*Campylotropis polyantha*）：灌木，多分枝，嫩枝有棱，羽状复叶具 3 小叶；小叶椭圆形至长圆形、椭圆状倒卵形至长圆状倒卵形或楔状倒卵形，总状花序腋生并常顶生形成圆锥花序，花萼钟形或狭钟形，裂片近等长，花冠粉红色、淡红紫色或近白色，龙骨瓣呈直角或钝角内弯，荚果椭圆形或斜卵形，向两端渐。

（8）刺桐（*Erythrina variegata*）：落叶大乔木，树皮灰褐色，枝有明显叶痕及短圆锥形的黑色直刺，羽状复叶具 3 片小叶，常密集枝端；小叶膜质，宽卵形或菱状卵形，基脉 3 条，侧脉 5 对；总状花序顶生，上有密集、成对着生的花；花萼佛焰苞状，口部偏斜，一边开裂；花冠红色，旗瓣椭圆形，翼瓣与龙骨瓣近等长；龙骨瓣 2 片离生，雄蕊 10 枚，单体，荚果肿胀黑色，肥厚。

（二）分科、分种识别代表植物

1. 根据实验材料，以科为单位，观察含羞草科、苏木科、蝶形花科科的植物的特征。

观察含羞草科、苏木科、蝶形花科科的植物的外观，比较各科在树形大小、树皮、叶的类型、叶形、叶脉、叶缘、叶序、花冠类型、花序类型、雄蕊类型、雌蕊类型、果实类型等方面的特点。

2. 根据实验材料，以种为单位，观察含羞草科、苏木科、蝶形花科科的各种植物的特征。

借助放大镜或实体显微镜观察含羞草科、苏木科、蝶形花科科的各代表植物的生长型、树皮、叶的类型、叶缘、叶序、叶脉、花冠、雌蕊、雄蕊、果实等方面的特点。

五、注意事项

树种的实验材料可根据本地具体情况加以选择，实训内容和顺序也可以根据季节进行增减或调整。

六、实验结果记录

1. 含羞草科、苏木科、蝶形花科科的特征的识别。

科名 特征	含羞草科	苏木科	蝶形花科
生长型			
叶的类型			
叶序			
叶脉			
叶缘			
花被			
雌蕊			
雄蕊			
花序			
果实			

2. 代表种特征的识别。

特征 种名	生长型	叶的类型	叶序	叶脉	叶缘	花被	雌蕊	雄蕊	花序	果实

七、任务评价

识别完后，每个学生进行含羞草科、苏木科、蝶形花科三科代表植物特征识别的考核。每写对一个科名、属名、种名分别得1分，写错或有错别字不得分；主要识别特征描述清楚，得3分；特征描述不清楚，根据情况酌情扣分。

序号	考核时间	分值	考核内容				考核方法
			科名（1分）	属名（1分）	种名（1分）	识别特征（3分）	
1		6					
2		6					
3		6					
4		6					
5		6					
6		6					
7		6					
8		6					
9		6					
10		6					
11	30分钟	6					单人考核
12		6					
13		6					
14		6					
15		6					
16		10（职业素养）	具有信息查询、搜集和整理的能力，自主学习的能力，思考、观察及分析问题、解决问题的能力得5分；具有吃苦耐劳的精神，自我管理能力强，团队协作精神和安全意识良好，热爱自然、保护环境得5分。不足之处酌情扣分。				

任务七　观察识别五加科、金缕梅科、杨柳科、桦木科

一、任务目标

学会五加科（Araliaceae）、金缕梅科（Hamamelidaceae）、杨柳科（Salicaceae）、桦木科（Betulaceae）科的识别方法，能说出科的特征，并能区别该四个科的代表植物，具有现场识别本地区常见五加科、金缕梅科、杨柳科、桦木科四科植物种类的能力。养成良好的科学、客观、严谨的态度；培养分析能力及团队协作精神，树立爱护植物、保护环境的意识。

二、完成形式

以小组为单位，每个同学利用所学的知识在教师的指导下，对所提供的五加科、金缕梅科、杨柳科、桦木科植物蜡叶标本和新鲜标本进行识别与观察，或现场识别。

三、备品与材料

1. 仪器设备：实体显微镜每组 2 台。

2. 材料与工具统计表。

序号	名称	型号或规格	数量
1	放大镜		每组2台
2	枝剪、高枝剪、标本夹		每组各1

序号	名称	型号或规格	数量
3	五加科（Araliaceae）： 常春藤（*Hedera nepalensis*var.*sinensis*）、 鹅掌柴（*Schefflera octophylla*）、 八角金盘（*Fatsia japonica*）、 刺五加（*Acanthopanax senticosus*）、 梁王茶（*Nothopanax delavayl*）、 幌伞枫（*Heteropanax fragrans*）、 金缕梅科（Hamamelidaceae）： 枫香（*Liquidamba formosana*）、 红花檵木（*Loropetalum chinense*var.*rubrum*）、 马蹄荷（*Symingtonia populnea*）、 杨柳科（Salicaceae）： 滇杨（*Populus yunnanensis*）、 响叶杨（*Populus adenopoda*）、 垂柳（*Salix babylonica*）、 旱柳（*Salix matsudana*）、 云南柳（*Salix cavaleriei*）、 桦木科（Betulaceae）： 西南桦（*Betula alnoides*）、尼泊尔桤木（旱冬瓜）（*Alnus nepalensis*）、桤木（水冬瓜）（*Alnus cremastogyne*）	蜡叶标本或鲜叶标本	每组1套
4	植物检索表、参考书籍		每组1套

四、任务实施

（一）知识准备

1. 五加科（Araliaceae）重要识别特征：乔木、灌木或藤本，常有刺，叶为单叶或复叶，互生，叶柄基部长扩大成鞘状，花整齐，两性或单性，花冠绿白色或黄绿色，伞形花序（或其他花序）常再密集成鲜明而突出的大圆锥花序，果实为浆果或具多核之核果。

（1）常春藤：（*Hedera nepalensis*var.*sinensis*）：多年生常绿攀缘灌木，茎有气生根，单叶互生；叶二型；枝上的叶为三角状卵形或戟形，全缘或三裂；花枝上的叶椭圆状披针形，椭圆状卵形或披针形，全缘；侧脉和网脉两面均明显。伞形花序单个顶生，或 2~7 个总状排列或伞房状排列成圆锥花序，花瓣 5 片，三角状卵形，淡黄白色或淡绿白，雄蕊 5 枚，果实圆球形，红色或黄色。

（2）鹅掌柴（*Schefflera octophylla*）：乔木或灌木，掌状复叶，小叶 5~9，最多至 11，小叶片纸质至革质，椭圆形、长圆状椭圆形或倒卵状椭圆形，边缘全缘，但在幼树时常有锯齿或羽状分裂，侧脉 7~10 对，下面微隆起，网脉不明显；圆锥花序顶生，分枝斜生，有总状排列的伞形花序几个至十几个，间或有单生花 1~2 朵；伞形花序有花 10~15 朵，花白色，花瓣 5~6 片，开花时反曲，雄蕊 5~6 枚，比花瓣略长；果实球形，黑色。

（3）八角金盘（*Fatsia japonica*）：常绿灌木或小乔木，叶片大，革质，近圆形，掌状 7~9 深裂，裂片长椭圆状卵形，先端短渐尖，基部心形，边缘有疏离粗锯齿，圆锥花序顶生，伞形花序直径 3~5 厘米，花萼近全缘，花瓣 5 片，卵状三角形，黄白色，雄蕊 5 枚，花丝与花瓣等长；果近球形，直径 5 毫米，熟时黑色。

（4）刺五加（*Acanthopanax senticosus*）：灌木，分枝多，一、二年生的通常密生刺，刺直而细长，针状，掌状复叶，有小叶 5，小叶片纸质，椭圆状倒卵形或长圆形，边缘有锐利重锯齿，侧脉 6~7 对，两面明显，网脉不明显；伞形花序单个顶生，或 2~6 个组成稀疏的圆锥花序，有花多数；花紫黄色；萼无毛，边缘近全缘或有不明显的 5 个小齿；花瓣 5 片，卵形，雄蕊 5 枚，果实球形或卵球形，有 5 棱，黑色。

（5）梁王茶（*Nothopanax delavayi*）：灌木，茎干灰褐色，掌状复叶，具 3~5 小叶（稀 2 或 7），少为单叶，革质，较集中地生于枝的先端，小叶披针形至狭披针形，边缘近全缘至有粗锯齿，侧脉在两面不明显，花序为顶生的伞形花序组成总状花序或圆锥花序，伞形花序有花 7~15 朵，花白绿色或黄绿色；花萼边缘有 5

个小齿，花瓣 5 片，三角状卵形，雄蕊 5 枚，果近圆球形，侧扁。

（6）幌伞枫（*Heteropanax fragrans*）：常绿乔木，三回羽状复叶互生，小叶对生，纸质，椭圆形，无毛，全缘；多数小伞形花序排成大圆锥花序；花瓣 5 片，镊合状排列；萼近全缘；雄蕊 5 枚；果球形、卵形或扁球形。

2. 金缕梅科（Hamamelidaceae）重要识别特征：常绿或落叶乔木和灌木，单叶互生，稀对生，具羽状脉或掌状脉，全缘或具锯齿，花排成头状花序、穗状花序或总状花序，两性，或单性而雌雄同株，萼裂片 4~5 数，花瓣与萼裂片同数，线形、匙形或鳞片状；雄蕊 4~5 数，果为蒴果，常室间及室背裂开为 4 片，外果皮木质或革质，内果皮角质或骨质。

（1）枫香（*Liquidamba formosana*）：落叶乔木，树皮灰褐色，方块状剥落；叶薄革质，阔卵形，掌状 3 裂，中央裂片较长，先端尾状渐尖；两侧裂片平展；基部心形；掌状脉 3~5 条，在上下两面均显著，网脉明显可见；边缘有锯齿，雄性短穗状花序常多个排成总状，雄蕊多数，花丝不等长，雌性头状花序有花 24~43 朵，花序柄长 3~6 厘米，萼齿 4~7 个，针形，头状果序圆球形，木质，直径 3~4 厘米；蒴果下半部藏于花序轴内，有宿存花柱及针刺状萼齿。

（2）红花檵木（*Loropetalum chinense* var. *rubrum*）：灌木，有时为小乔木，多分枝，小枝有星状毛，叶革质，卵形，侧脉约 5 对，在上面明显，在下面突起，全缘；花 3~8 朵簇生，紫红色，花瓣 4 片，带状，雄蕊 4 枚，蒴果褐色，近卵形。

（3）马蹄荷（*Symingtonia populnea*）：乔木，节膨大。叶革质，阔卵圆形，全缘，或嫩叶有掌状 3 浅裂，长 10~17 厘米，宽 9~13 厘米，掌状脉 5~7 条，在上面明显，在下面突起，网脉在上下两面均明显；托叶椭圆形或倒卵形，长 2~3 厘米，宽 1~2 厘米，有明显的脉纹，头状花序单生或数枝排成总状花序，有花 8~12 朵，花两性或单性，花瓣长 2~3 毫米，或缺花瓣；雄蕊长约 5 毫米，头状果序直径约 2 厘米，有蒴果 8~12 个，果序柄长 1.5~2 厘米；蒴果椭圆形。

3. 杨柳科（Salicaceae）重要识别特征：落叶乔木或直立、垫状和匍匐灌木，树皮光滑或开裂粗糙，有顶芽或无顶芽；单叶互生，稀对生，不分裂或浅裂，全缘，锯齿或齿牙；花单性，雌雄异株，葇荑花序，直立或下垂，先叶开放，或与叶同时开放，花单朵生于苞片的腋内；花被缺；雄蕊 2 枚至多数；蒴果 1~4 瓣裂。

（1）滇杨（*Populus yunnanensis*）：乔木，树皮灰色，纵裂，单叶互生，叶纸质，卵形、椭圆状卵形、广卵形或三角状卵形，长 5~16 厘米，宽 2~7.5 厘米，先端长渐尖，基部宽楔形或圆形，边缘有细腺圆锯齿，单性花，雌雄异株，雄花序长 12~20 厘米，轴光滑，雄蕊 20~40 枚；苞片掌状，丝状条裂，光滑，赤褐色；雌花序长 10~15 厘米；蒴果 3~4 瓣裂。

（2）响叶杨（*Populus adenopoda*）：乔木，树皮灰白色，光滑，老时深灰色，纵裂；叶卵状圆形或卵形，长5~15厘米，宽4~7厘米，先端长渐尖，基部截形或心形，稀近圆形或楔形，边缘有内曲圆锯齿，齿端有腺点，叶柄侧扁，顶端有2个显著腺点，雄花序长6~10厘米，苞片条裂，有长缘毛，蒴果卵状长椭圆形，有短柄，2瓣裂。

（3）垂柳（*Salix babylonica*）：落叶乔木，树皮灰黑色，不规则开裂；枝细，下垂，淡褐黄色、淡褐色或带紫色，无毛。叶狭披针形或线状披针形，长 9~16 厘米，宽 0.5~1.5 厘米，锯齿缘；花序先叶开放，或与叶同时开放；雄花序长 1.5~2（~3）厘米，有短梗，轴有毛；雄蕊 2 枚，花药红黄色；雌花序长达 2~3（~5）厘米，有梗，基部有 3~4 小叶，轴有毛；蒴果长 3~4 毫米，带绿黄褐色。

（4）旱柳（*Salix matsudana*）：落叶乔木，树皮暗灰黑色，

有裂沟；枝细长，直立或斜展，浅褐黄色或带绿色，后变褐色，叶披针形，长5~10厘米，宽1~1.5厘米，上面绿色，下面苍白色或带白色，有细腺锯齿缘，花序与叶同时开放；雄花序圆柱形，雄蕊2枚，花丝基部有长毛，花药卵形，黄色；雌花序较雄花序短，长达2厘米，粗4毫米，有3~5小叶生于短花序梗上，轴有长毛；果序长达2（2.5）厘米。

（5）云南柳（*Salix cavaleriei*）：落叶乔木，叶宽披针形或椭圆状披针形，狭卵状椭圆形，长 4~11 厘米，宽 2~4 厘米，边缘有细腺锯齿，上面绿色，下面淡绿色，幼叶常发红色；花与叶同时开放，有长花序梗，着生 2~3(~4)叶；雄花序长 3~4.5 厘米，雄蕊 6~8(~12)；雌花序长 2~3.5 厘米；蒴果卵形，长约 6 毫米；果柄比蒴果稍短。

4. 桦木科（Betulaceae）重要识别特征：落叶乔木或灌木，单叶，互生，叶缘具重锯齿或单齿，叶脉羽状，侧脉直达叶缘或在近叶缘处向上弓曲相互网结成闭锁式；花单性，雌雄同株，雄花聚生成长而下垂的葇荑花序，雄蕊 2~20 枚（很少 1 枚），雌花序球果状、穗状、总状或头状，直立或下垂，具多数苞鳞（果时称果苞），每苞鳞内有雌花 2~3 朵，果序球果状、穗状、总状或头状，果通常为小坚果或具短翅的翅果。

（1）西南桦（*Betula alnoides*）：落叶乔木，枝条细软下垂，树皮褐色至红褐色，具光泽，有多数环形大皮孔，纸状剥落。叶纸质，矩圆状卵形，长 4~12 厘米，边缘有不规则重锯齿，花单性，雌雄同株，雄花序长可达 12 厘米，下垂，果序长圆柱状，2~5 个排成总状，下垂，翅果倒卵形，膜质翅与果等宽或比果稍宽。

（2）尼泊尔桤木（旱冬瓜）（*Alnus nepalensis*）：乔木，树皮灰色或暗灰色，平滑；枝条紫褐色，无毛，有棱；叶片近革质，宽卵形、卵形或倒卵圆形，长 4~16 厘米，宽 2.5~10 厘米，边缘全缘或具疏细锯齿，上面无毛，下面粉绿色，密生腺点；沿脉生黄色短柔毛，脉腋簇生髯毛，侧脉 8~16 对。雄花序多数，排成圆锥状，下垂。果序多数，呈圆锥状排列，果苞木质，小坚果宽卵圆形，长约 2 毫米；膜质翅宽为果的 1/2，稀与果等宽。

（3）桤木（水冬瓜）（*Alnus cremastogyne*）：乔木，树皮灰色，平滑；枝条灰色或灰褐色，无毛；小枝褐色，叶倒卵形、倒卵状矩圆形、倒披针形或矩圆形，长 4~14 厘米，宽 2.5~8 厘米，边缘具不明显而稀疏的钝齿，上面疏生腺点，幼时疏被长柔毛，下面密生腺点，几无毛，很少于幼时密被淡黄色短柔毛，脉腋间有时具簇生的髯毛，侧脉 8~10 对；雄花序单生，长 3~4 厘米。果序单生于叶腋，矩圆形，序梗细瘦，柔软，下垂，果苞木质，长 4~5 毫米，顶端具 5 枚浅裂片，小坚果卵形，长约 3 毫米，膜质翅宽仅为果的 1/2。

（二）分科、分种识别代表植物

1. 根据实验材料，以科为单位，观察五加科、金缕梅科、杨柳科、桦木科植物的特征。

观察五加科、金缕梅科、杨柳科、桦木科植物的外观，比较各科在树形大小、树皮、叶的类型、叶形、叶脉、叶缘、叶序、花序类型、雄蕊类型、雌蕊类型、果实类型等方面的特点。

2. 根据实验材料，以种为单位，观察五加科、金缕梅科、杨柳科、桦木科各代表植物的特征。

借助放大镜或实体显微镜观察五加科、金缕梅科、杨柳科、桦木科各种代表植物的生长型、树皮、气味、叶的类型、叶缘、叶序、叶脉、花序、雌蕊、雄蕊、果实等方面的特点。

五、注意事项

树种的实验材料可根据本地具体情况加以选择，实训内容和顺序也可以根据季节进行增减或调整。

六、实验结果记录

1. 识别五加科、金缕梅科、杨柳科、桦木科的特征。

科名 特征	五加科	金缕梅科	杨柳科	桦木科
生长型				
叶的类型				
叶序				
叶脉				
叶缘				
花被				
雌蕊				
雄蕊				
花序				
果实				

2. 代表种特征的识别。

特征 种名	生长型	叶的类型	叶序	叶脉	叶缘	花被	雌蕊	雄蕊	花序	果实

七、任务评价

识别完后，每个学生进行五加科、金缕梅科、杨柳科、桦木科四科代表植物特征识别的考核。每写对一个科名、属名、种名分别得 1 分，写错或有错别字不得分；主要识别特征描述清楚，得 3 分；特征描述不清楚，根据情况酌情扣分。

<table>
<tr><th rowspan="2">序号</th><th rowspan="2">考核时间</th><th rowspan="2">分值</th><th colspan="4">考核内容</th><th rowspan="2">考核方法</th></tr>
<tr><th>科名（1分）</th><th>属名（1分）</th><th>种名（1分）</th><th>识别特征（3分）</th></tr>
<tr><td>1</td><td rowspan="16">30分钟</td><td>6</td><td></td><td></td><td></td><td></td><td rowspan="16">单人考核</td></tr>
<tr><td>2</td><td>6</td><td></td><td></td><td></td><td></td></tr>
<tr><td>3</td><td>6</td><td></td><td></td><td></td><td></td></tr>
<tr><td>4</td><td>6</td><td></td><td></td><td></td><td></td></tr>
<tr><td>5</td><td>6</td><td></td><td></td><td></td><td></td></tr>
<tr><td>6</td><td>6</td><td></td><td></td><td></td><td></td></tr>
<tr><td>7</td><td>6</td><td></td><td></td><td></td><td></td></tr>
<tr><td>8</td><td>6</td><td></td><td></td><td></td><td></td></tr>
<tr><td>9</td><td>6</td><td></td><td></td><td></td><td></td></tr>
<tr><td>10</td><td>6</td><td></td><td></td><td></td><td></td></tr>
<tr><td>11</td><td>6</td><td></td><td></td><td></td><td></td></tr>
<tr><td>12</td><td>6</td><td></td><td></td><td></td><td></td></tr>
<tr><td>13</td><td>6</td><td></td><td></td><td></td><td></td></tr>
<tr><td>14</td><td>6</td><td></td><td></td><td></td><td></td></tr>
<tr><td>15</td><td>6</td><td></td><td></td><td></td><td></td></tr>
<tr><td>16</td><td>10（职业素养）</td><td colspan="4">具有信息查询、搜集和整理的能力，自主学习的能力，思考、观察及分析问题、解决问题的能力得5分；具有吃苦耐劳的精神，自我管理能力强，团队协作精神和安全意识良好，热爱自然、保护环境得5分。不足之处酌情扣分。</td></tr>
</table>

任务八　观察识别壳斗科、胡桃科、榆科、桑科

一、任务目标

学会壳斗科（Fagaceae）、胡桃科（Juglandaceae）、榆科（Ulmaceae）、桑科（Moraceae）科的识别方法，能说出科的特征，并能区别该四个科的代表植物，具有现场识别本地区常见壳斗科、胡桃科、榆科、桑科四科植物种类的能力。养成良好的科学、客观、严谨的态度；培养分析能力及团队协作精神，树立爱护植物、保护环境的意识。

二、完成形式

以小组为单位，每个同学利用所学的知识在教师的指导下，对所提供的壳斗科、胡桃科、榆科、桑科植物蜡叶标本和新鲜标本进行识别与观察，或现场识别。

三、备品与材料

1. 仪器设备：实体显微镜每组 2 台。

2. 材料与工具统计表。

序号	名称	型号或规格	数量
1	放大镜		每组2台
2	枝剪、高枝剪、标本夹		每组各1

（续表）

序号	名称	型号或规格	数量
3	壳斗科（Fagaceae）： 板栗（*Castanea mollissima*）、 高山栲（*Castanopsis delavayi*）、 滇青冈（*Cyclobalanopsis glaucoides*）、 滇石栎（*Lithocarpus dealbatus*）、 光叶石栎（*Lithocarpus mairei*）、 栓皮栎（*Quercus variabilis*）、 麻栎（*Quercusacutissima*）、 锥连栎（*Quercus franchetii*）、槲栎（*Quercus aliena*） 胡桃科（*Juglandaceae*）： 核桃(*Juglans regia*)、化香（*Platycarya strobilacea*)、 黄杞（*Engelhardtia roxburghiana*）、 枫杨（*Pterocarya stenoptera*）、 青钱柳（*Cyclocarya paliurus*） 榆科（Ulmaceae）： 昆明朴（滇朴）（*Celtis kunmingensis*）榆树 （*Ulmus pumila*）、榔榆（*Ulmus parvifolia*）、 榉树（*Zelkova serrata*） 桑科（Moraceae）： 无花果（*Ficus carica*）、高山榕（Ficus altissima）、 小叶榕（*Ficus microcarpa*）、 垂叶榕（*Ficus benjamina*）、 桑（*Morus alba*）、 黄葛树（*Ficus virenssublanceolata*）、 地石榴（*Ficus tikoua*）	蜡叶标本或鲜叶标本	每组1套
4	植物检索表、参考书籍		每组1套

四、任务实施

（一）知识准备

1. 壳斗科（Fagaceae）重要识别特征：落叶或常绿乔木，单叶，互生，全缘或齿裂，或不规则的羽状裂；花单性同株，花被 1 轮，4~6（~8）片，雄花有雄蕊 4~12 枚，雌花 1~3（~5）朵聚生于一壳斗内，雄花序下垂或直立，整序脱落，雌花序直立，花单朵散生或 3 朵聚生成簇，分生于总花序轴上成穗状，有时单或 2~3 朵花腋生。由总苞发育而成的壳斗，木质、角质，或木栓质，形状多样，包着坚果底部至全包坚果，开裂或不开裂，外壁平滑或有各式姿态的小苞片，每壳斗有坚果 1~3（~5）个；坚果有棱角或浑圆。

（1）板栗（*Castanea mollissima*）：落叶乔木，单叶、椭圆或长椭圆状，长 10~30 厘米，宽 4~10 厘米，边缘有刺毛状齿。雌雄同株，雄花为直立柔荑花序，雌花单独或数朵生于总苞内。坚果包藏在密生尖刺的总苞内，总苞直径 5~11 厘米，一个总苞内有 1~7 个坚果。

（2）高山栲（*Castanopsis delavayi*）：乔木，树皮深裂且较厚，块状剥落。叶近革质，倒卵形、倒卵状椭圆形或同时兼有卵形或椭圆形的叶，叶缘常自中部或下部起有锯齿状，侧脉每边 6~9 条，嫩叶叶背有黄棕色、糠秕状略松散的腊鳞层，成长叶呈灰白或银灰色；雄穗状花序很少单穗腋生，雄花的雄蕊 12 枚，成熟壳斗阔卵形或近圆球形，刺长 3~6 毫米，离生或在基部合生及稍横向连生成圆或螺旋形 3~5 个刺环，坚果阔卵形。

（3）滇青冈（*Cyclobalanopsis glaucoides*）：常绿乔木，叶片革质，长椭圆形或倒卵状披针形，长 5~12 厘米，宽 2~5 厘米，叶缘 1/3 以上有锯齿，雄花序长 4~8 厘米，花序轴被绒毛；雌花序长 1.5~2 厘米，壳斗碗形，包着坚果 1/3~1/2，小苞片合生成 6~8 条同心环带，环带近全缘。

（4）滇石栎（*Lithocarpus dealbatus*）：乔木，小枝密生灰黄色柔毛。叶长椭圆形、长卵形至椭圆状披针形，全缘，背面常被灰黄色柔毛，有时无毛，侧脉 9~12 对；果序长 10~20 厘米，果密集。壳斗 3~5 个簇生，包坚果 2/3~3/4，被灰黄色毡毛；坚果近球形或略扁。

（5）光叶石栎（*Lithocarpus mairei*）：常绿乔木，枝、叶无

毛，叶质硬而脆，披针形或长椭圆形，长 5~10 厘米，宽 15~40 毫米，全缘，雄圆锥花序长 4~8 厘米，有时为穗状花序；雌花序长 5~8 厘米，雌花每 3 朵一簇，果序长 3~5 厘米，壳斗碗状，高 5~8 毫米，宽 10~18 毫米，包着坚果约一半，有时稍多或稍少，硬木质，坚果宽圆锥形或略扁圆形。

（6）栓皮栎（*Quercus variabilis*）：落叶乔木，树皮黑褐色，深纵裂，木栓层发达，叶片卵状披针形或长椭圆形，长 8~15（~20）厘米，宽 2~6（~8）厘米，叶缘具刺芒状锯齿，叶背密被灰白色星状绒毛，侧脉每边 13~18 条，直达齿端；雄花序长达 14 厘米，花序轴密被褐色绒毛，花被 4~6 裂，雄蕊 10 枚或较多；雌花序生于新枝上端叶腋；壳斗杯形，包着坚果 2/3，小苞片钻形，反曲，坚果近球形或宽卵形。

（7）麻栎（*Quercus acutissima*）：落叶乔木，树皮深灰褐色，深纵裂，叶片形态多样，通常为长椭圆状披针形，长 8~19 厘米，宽 2~6 厘米，叶缘有刺芒状锯齿，叶片两面同色，幼时被柔毛，老时无毛或叶背面脉上有柔毛，侧脉每边 13~18 条；雄花序常数个集生于当年生枝下部叶腋，有花 1~3 朵，壳斗杯形，包着坚果约 1/2，连小苞片直径 2~4 厘米，小苞片钻形或扁条形，向外反曲，被灰白色绒毛。坚果卵形或椭圆形。

（8）锥连栎（*Quercus franchetii*）：常绿乔木，树皮暗褐色，纵裂，小枝密被灰黄色单毛和束毛，叶面平坦，叶片倒卵形、椭圆形，长 5~12 厘米，高 2.5~6 厘米，叶缘中部以上有腺锯齿，侧脉每边 8~12 条，直达齿端；雄花序生于新枝基部，雌花序长 1~2 厘米，有花 5~6 朵。果序长 1~2 厘米，果序轴密被灰黄色绒毛。壳斗杯形，包着坚果约 1/2，坚果矩圆形。

（9）槲栎（*Quercus aliena*）：落叶乔木，树皮暗灰色，深纵裂，叶片长椭圆状倒卵形至倒卵形，长 10~20（~30）厘米，宽 5~14（~16）

厘米，叶缘具波状钝齿，叶背被灰棕色细绒毛，侧脉每边10~15条，雄花序长4~8厘米，雄花单生或数朵簇生于花序轴，花被6裂，雄蕊通常10枚；雌花序生于新枝叶腋，单生或2~3朵簇生。壳斗杯形，包着坚果约1/2，小苞片卵状披针形，坚果椭圆形至卵形。

2. 胡桃科（Juglandaceae）重要识别特征：落叶乔木，羽状复叶，花单性，雄花序柔荑状；单生或数条成束生；雌花序穗状或稀柔荑状；雄花生于1枚不分裂或3裂的苞片腋内，通常具2小苞片或1~4片花被片，雄蕊3~40枚插生在花托上；雌花具2小苞片和2~4片花被片贴生于子房，坚果核果状或具翅。

（1）核桃（*Juglans regia*）：落叶乔木，奇数羽状复叶长25~30厘米，小叶通常5~9枚，稀3枚，椭圆状卵形至长椭圆形，长约6~15厘米，宽约3~6厘米，顶边缘全缘或在幼树上者具稀疏细锯齿，侧脉11~15对，腋内具簇短柔毛，侧生小叶具极短的小叶柄或近无柄，生于下端者较小，顶生小叶常具长约3~6厘米的小叶柄。雄柔荑花序长5~10厘米，雄花有雄蕊6~30枚，萼3裂，雌花1~3朵聚生，果实椭圆形。

（2）化香（*Platycarya strobilacea*）：落叶小乔木，树皮纵深裂，暗灰色；羽状复叶互生，长15~30厘米；小叶7~15，长3~10厘米，宽2~3厘米，薄革质，边缘有重锯齿，花单性，雌雄同穗状花序，直立；雄花序在上，长4~10厘米，雄蕊通常8枚；雌花序在下，长约2厘米，果序球果状，长椭圆形，小坚果扁平，有2对狭翅。

（3）黄杞（*Engelhardtia roxburghiana*）：半常绿乔木，偶数羽状复叶长12~25厘米，小叶3~5对，近于对生，叶片革质，全缘，侧脉10~13对。雌雄同株或稀异株。雌花序1条及雄花序数条长而俯垂，生疏散的花，常形成一顶生的圆锥状花序束，顶端为雌花序，下方为雄花序，或雌雄花序分开则雌花序单独顶生。雄花花被片4片，兜状，雄蕊10~12枚，雌花苞片3裂而不贴于子房，花被片 4 片，果序长达 15~25 厘米。果实坚果状，球形，3 裂的苞片托于果实基部。

（4）枫杨（*Pterocarya stenoptera*）：落叶大乔木，幼树树皮平滑，浅灰色，老时则深纵裂；叶多为偶数羽状复叶，长 8~16 厘米（稀达 25 厘米），叶轴具翅至翅不甚发达，小叶 10~16 枚（稀 6~25 枚），无小叶柄，对生或稀近对生，边缘有向内弯的细锯齿，雄性葇荑花序单独生于去年生枝条上叶痕腋内，雄花常具 1（稀 2 或 3）片发育的花被片，雄蕊 5~12 枚。雌性葇荑花序顶生，雌花几乎无梗，苞片及小苞片基部常有细小的星芒状毛，并密被腺体。果序长 20~45 厘米，果实长椭圆形，果翅狭，条形或阔条形。

（5）青钱柳（*Cyclocarya paliurus*）：乔木，树皮灰色；奇数羽状复叶长约 20 厘米（有时达 25 厘米以上），具 7~9 枚（稀 5 或 11）小叶；叶缘具锐锯齿，侧脉 10~16 对，雄性葇荑花序长 7~18 厘米，3 条或稀 2~4 条成一束生于长约 3~5 毫米的总梗上，总梗自 1 年生枝条的叶痕腋内生出；雌性葇荑花序单独顶生，果实扁球形，果实中部围有水平方向的径达 2.5~6 厘米的革质圆盘状翅，果实及果翅全部被有腺体。

3. 榆科（Ulmaceae）重要识别特征：落叶灌木或乔木；叶互生，单叶，羽状脉，有锯齿；花两性或单性，簇生，或雌花单生，无花瓣；萼片 3~8 片，分离或基部稍联合；果为一翅果、坚果或核果。

（1）昆明朴（滇朴）（*Celtis kunmingensis*）：落叶乔木，叶常为卵形、卵状椭圆形或带菱形，长 4~11 厘米，宽 3~6 厘米，基部偏斜，一侧近圆形，一侧楔形，先端微急渐长尖或近尾尖，中上部边缘具明显或不明显的锯齿，果通常单生，近球形，熟时蓝黑色，果梗长 15~22 毫米，核具 4 肋，表面有浅网孔状凹陷。

（2）榆树（*Ulmus pumila*）：落叶乔木，大树之皮暗灰色，不规则深纵裂，粗糙；叶椭圆状卵形、长卵形、椭圆状披针形或卵状披针形，长 2~8 厘米，宽 1.2~3.5 厘米，边缘具重锯齿或单锯齿，侧脉每边 9~16 条，花先叶开放，在生枝的叶腋成簇生状，翅果近圆形，稀倒卵状圆形，长 1.2~2 厘米，除顶端缺口柱头面被毛外，余处无毛，果核部分位于翅果的中部，上端不接近或接近缺口，成熟前后其色与果翅相同，初淡绿色，后白黄色。

（3）榔榆（*Ulmus parvifolia*）：落叶乔木，树干基部有时呈板状根，树皮灰色或灰褐，裂成不规则鳞状薄片剥落，露出红褐色内皮，近平滑，微凹凸不平；叶质地厚，披针状卵形或窄椭圆形，稀卵形或倒卵形，边缘从基部到先端有钝而整齐的单锯齿，稀重锯齿（如萌发枝的叶），侧脉每边 10~15 条，细脉在两面均明显，花 3~6 朵在叶脉簇生或排成簇状聚伞花序，花被片 4 片，深裂至杯状花被的基部或近基部，翅果椭圆形或卵状椭圆形，果翅稍厚，果核部分位于翅果的中上部，上端接近缺口。

（4）榉树（*Zelkova serrata*）：落叶乔木，树皮灰白色或褐灰色，呈不规则的片状剥落；叶互生、排为两行、椭圆状卵形、单锯齿，侧脉7~14对；花单性、雌雄同株，雄花具极短的梗，花被裂至中部，花被裂片6~7片，不等大，雌花近无梗，花被片4~5片，坚果小、球形。

4. 桑科（Moraceae）重要识别特征：常绿或落叶乔木或灌木，藤本，有刺或无刺，常有乳汁，单叶互生，花小，单性，集成各种花序，单被花，4 基数。坚果，核果集合为各式聚花果。

（1）无花果（*Ficus carica*）：落叶灌木，树皮灰褐色，叶互生，厚纸质，广卵圆形，长宽近相等，10~20 厘米，通常 3~5 裂，小裂片卵形，边缘具不规则钝齿，表面粗糙，背面密生细小钟乳体及灰色短柔毛，基部浅心形，基生侧脉 3~5 条，侧脉 5~7 对；雌雄异株，雄花和瘿花同生于一榕果内壁，雄花生内壁口部，花被片 4~5 片，雄蕊 3 枚，有时 1 枚或 5 枚，瘿花花柱侧生，短；雌花花被与雄花同，榕果单生叶腋，大而梨形，顶部下陷，成熟时紫红色或黄色，基生苞片 3，卵形；瘦果透镜状。

（2）高山榕（*Ficus altissima*）：常绿乔木，叶厚革质，广卵形至广卵状椭圆形，长 10~19 厘米，宽 8~11 厘米，全缘，侧脉 5~7 对；花均为单性花（有些花序内有少数两性花），花小，着生于封闭囊状的肉质花序轴内壁上形成聚花果。榕果成对腋生，椭圆状卵圆形，成熟时红色或带黄色。

（3）小叶榕（*Ficus microcarpa*）：常绿大乔木，叶革质，椭圆形、卵状椭圆形或倒卵形，长 4~10 厘米，宽 2~4 厘米。花序托单生或成对生于叶腋，扁倒卵球形，乳白色，成熟时黄色或淡红色；雄花和雌花同生于一花托中。

（4）垂叶榕（*Ficus benjamina*）：常绿乔木，树皮灰色，平滑，小枝下垂。叶薄革质，卵形至卵状椭圆形，长 4~8 厘米，宽 2~4 厘米，先端短渐尖，基部圆形或楔形，全缘，一级侧脉与二级侧脉难于区分，平行展出，直达近叶边缘，网结成边脉，花球形或扁球形，光滑，成熟时红色至黄色，雄花、瘿花、雌花同生于一榕果内；雄花极少数，花被片 4 片，雄蕊 1 枚，瘿花具柄，多数，花被片 4~5，狭匙形，花被片短匙形。

（5）桑（*Morus alba*）：落叶乔木或灌木，叶卵形至广卵形，边缘有粗锯齿，有时有不规则的分裂，花单性，腋生或生于芽鳞腋内，与叶同时生出；雌雄异株，葇荑花序，雄花序下垂，密被白色柔毛，雄花，花被片宽椭圆形，淡绿色，雌花序长 1~2 厘米，被毛，雌花无梗，花被片倒卵形，顶端圆钝，外面和边缘被毛，聚花果卵圆形或圆柱形，黑紫色或白色。

（6）黄葛树（*Ficus virenssublanceolata*）：落叶乔木，叶互生；叶片纸质，长椭圆形或近披针形，长 8~16 厘米，宽 4~7 厘米，全缘，基出脉 3 条，侧脉 7~10 对，网脉稍明显，果生于叶腋，球形，黄色或紫红色。

（7）地石榴（*Ficus tikoua*）：常绿匍匐地上的木质藤本，有白色乳汁；茎棕褐色，节略膨大。叶互生，厚纸质，卵状椭圆形或倒卵形，长 1.6~6 厘米，宽 1~4 厘米，边缘有波状齿，具 3 出脉，侧脉 3~4 对，疏生短刺毛，花小，单性，苞片 3，雄花生于瘿花托的口部，花被片 2~6，雄蕊 1~3（~6）枚；雌花生于另一花序托内，发育为孢隐花果，单生，球形，成熟时淡红棕色。

（二）分科、分种识别代表植物

1. 根据实验材料，以科为单位，观察壳斗科、胡桃科、榆科、桑科植物的特征。

观察壳斗科、胡桃科、榆科、桑科植物的外观，比较各科在树形大小、树皮、叶的类型、叶形、叶脉、叶缘、叶序、花冠类型、花序类型、雄蕊类型、雌蕊类型、果实类型等方面的特点。

2. 根据实验材料，以种为单位，观察壳斗科、胡桃科、榆科、桑科各种植物的特征。

借助放大镜或实体显微镜观察壳斗科、胡桃科、榆科、桑科各种植物的生长型、树皮、气味、叶的类型、叶缘、叶序、叶脉、花冠、雌蕊、雄蕊、果实等方面的特点。

五、注意事项

树种的实验材料可根据本地具体情况加以选择，实训内容和顺序也可以根据季节进行增减或调整。

六、实验结果记录

1. 壳斗科、胡桃科、榆科、桑科特征的识别。

科名 / 特征	壳斗科	胡桃科	榆科	桑科
生长型				

（续表）

特征＼科名	壳斗科	胡桃科	榆科	桑科
叶的类型				
叶序				
叶脉				
叶缘				
花被				
雌蕊				
雄蕊				
花序				
果实				

2. 代表种特征的识别。

种名＼特征	生长型	叶的类型	叶序	叶脉	叶缘	花被	雌蕊	雄蕊	花序	果实

七、任务评价

识别完后，每个学生进行壳斗科、胡桃科、榆科、桑科四科代表植物特征识别的考核。每写对一个科名、属名、种名分别得1分，写错或有错别字不得分；主要识别特征描述清楚，得3分；特征描述不清楚，根据情况酌情扣分。

<table>
<tr><th rowspan="2">序号</th><th rowspan="2">考核时间</th><th rowspan="2">分值</th><th colspan="4">考核内容</th><th rowspan="2">考核方法</th></tr>
<tr><th>科名（1分）</th><th>属名（1分）</th><th>种名（1分）</th><th>识别特征（3分）</th></tr>
<tr><td>1</td><td rowspan="16">30分钟</td><td>6</td><td></td><td></td><td></td><td></td><td rowspan="16">单人考核</td></tr>
<tr><td>2</td><td>6</td><td></td><td></td><td></td><td></td></tr>
<tr><td>3</td><td>6</td><td></td><td></td><td></td><td></td></tr>
<tr><td>4</td><td>6</td><td></td><td></td><td></td><td></td></tr>
<tr><td>5</td><td>6</td><td></td><td></td><td></td><td></td></tr>
<tr><td>6</td><td>6</td><td></td><td></td><td></td><td></td></tr>
<tr><td>7</td><td>6</td><td></td><td></td><td></td><td></td></tr>
<tr><td>8</td><td>6</td><td></td><td></td><td></td><td></td></tr>
<tr><td>9</td><td>6</td><td></td><td></td><td></td><td></td></tr>
<tr><td>10</td><td>6</td><td></td><td></td><td></td><td></td></tr>
<tr><td>11</td><td>6</td><td></td><td></td><td></td><td></td></tr>
<tr><td>12</td><td>6</td><td></td><td></td><td></td><td></td></tr>
<tr><td>13</td><td>6</td><td></td><td></td><td></td><td></td></tr>
<tr><td>14</td><td>6</td><td></td><td></td><td></td><td></td></tr>
<tr><td>15</td><td>6</td><td></td><td></td><td></td><td></td></tr>
<tr><td>16</td><td>10分（职业素养）</td><td colspan="4">具有信息查询、搜集和整理的能力，自主学习的能力，思考、观察及分析问题、解决问题的能力得5分；具有吃苦耐劳的精神，自我管理能力强，团队协作精神和安全意识良好，热爱自然、保护环境得5分。不足之处酌情扣分。</td></tr>
</table>

任务九　观察识别椴树科、大戟科、山茶科、桃金娘科、鼠李科

一、任务目标

学会椴树科（Tiliaceae）、大戟科（Euphorbiaceae）、山茶科（Theaceae）、桃金娘科（Myrtaceae）、鼠李科（Rhamnaceae）科的识别方法，能说出科的特征，并能区别该五个科的代表植物，具有现场识别本地区常见椴树科、大戟科、山茶科、桃金娘科、鼠李科五科植物种类的能力。养成良好的科学、客观、严谨的态度；培养分析能力及团队协作精神，树立爱护植物、保护环境的意识。

二、完成形式

以小组为单位，每个同学利用所学的知识在教师的指导下，对所提供的椴树科、大戟科、山茶科、桃金娘科、鼠李科植物蜡叶标本和新鲜标本进行识别与观察，或现场识别。

三、备品与材料

1. 仪器设备：实体显微镜每组 2 台。

2. 材料与工具统计表。

序号	名称	型号或规格	数量
1	放大镜		每组2台
2	枝剪、高枝剪、标本夹		每组各1

（续表）

序号	名称	型号或规格	数量
3	椴树科（Tiliaceae）： 华椴（*Tilia chinensis*）、蚬木（*Excentrodendron hsienmu*） 大戟科（Euphorbiaceae）： 重阳木（*Bischoffia javanica*）、 三叶橡胶树（*Hevea brasiliensis*）、 乌桕（*Sapium sebiferum*）、 一品红（*Euphorbia pulcherrima*）、 油桐（*Vernicia fordii*）、 红背桂（*Excoecaria cochinchinensis*）、 余甘子（*Phyllanthus emblica*） 山茶科（Theaceae）： 云南山茶（*Camellia reticulata*）、油茶（*Camellia oleifera*）、 茶梅（*Camellia sasanqua*）、 厚皮香（*Ternstroemia gymnanthera*）、 银木荷（*Schima argentea*）、木荷（*Schima superba*）、 金叶柃（*Eurya aurea*） 桃金娘科（*Myrtaceae*）： 蓝桉（*Eucalyptus globulus*）、 直干桉（*Eucalyptus maideni*）、 赤桉（*Eucalyptus camaldulensis*）、 大叶桉（*Eucalyptus robusta*）、 红千层（*Callistemon rigidus*）、 蒲桃（*Syzygium jambos*） 鼠李科（Rhamnaceae）： 薄叶鼠李（*Rhamnus leptophylla*）、拐枣（*Hovenia acerba*）、 多脉猫乳（*Rhamnella martinii*）、枣（*Ziziphus jujuba*）	蜡叶标本或鲜叶标本	每组1套
4	植物检索表、参考书籍		每组1套

四、任务实施

（一）知识准备

1. 椴树科（Tiliaceae）重要识别特征：乔木或灌木，茎皮富含纤维。单叶、互生，全缘或分裂，花两性，排成腋生或顶生的聚伞花序或圆锥花序；萼片 5 片，稀 3 片或 4 片，分离或合生；花瓣 5 片或更少或缺，基部常有腺体；雄蕊极多数，花丝分离或成束；子房上位，2~10 室，每室有胚珠 1 颗至多颗；蒴果、核果、浆果或翅果。

（1）华椴（*Tilia chinensis*）：乔木，叶阔卵形，长 5~10 厘米，宽 4.5~9 厘米，侧脉 7~8 对，边缘密具细锯齿，聚伞花序长 4~7 厘米，有花 3 朵，花序柄有毛，下半部与苞片合生；萼片长卵形，外面有星状柔毛；花瓣长 7~8 毫米；退化雄蕊较花瓣短小；雄蕊长 5~6 毫米；子房被灰黄色星状绒毛，果实椭圆形，长 1 厘米，两端略尖，有 5 条棱突，被黄褐色星状绒毛。

（2）蚬木（*Excentrodendron hsienmu*）：常绿乔木，叶革质，卵圆形或椭圆状卵形，长 8~14 厘米，宽 5~8 厘米，脉腋有囊状腺体，基出脉 3 条，两条侧脉上升过半，全缘；圆锥花序长 5~9 厘米，有花 7~13 朵；两性花：萼片长圆形，花瓣阔倒卵形，雄蕊 26~35 枚，子房 5 室，每室有胚珠 2 颗，翅果长 2~3 厘米，有 5 条薄翅。

2. 大戟科（Euphorbiaceae）重要识别特征：乔木、灌木或草本，常有乳状汁液，白色，叶互生，单叶，稀为复叶，边缘全缘或有锯齿，具羽状脉或掌状脉；花单性，雌雄同株或异株，单花或组成各式花序，通常为聚伞或总状花序，萼片分离或在基部合生，花瓣有或无；雄蕊 1 枚至多数，子房上位，3 室，果为蒴果，或为浆果状或核果状。

（1）重阳木（*Bischo fiajavanica*）：落叶乔木，树皮褐色，三出复叶；顶生小叶通常较两侧的大，小叶片纸质，卵形或椭圆状卵形，边缘具钝细锯齿；花雌雄异株，组成总状花序；花序通常着生于新枝的下部，花序轴纤细而下垂；雄花序长 8~13 厘米；雌花序长 3~12 厘米；雄花：萼片半圆形，膜质，雌花：萼片与雄花的相同，有白色膜质的边缘；子房 3~4 室，每室 2 颗胚珠，果实浆果状，圆球形，成熟时褐红色。

（2）三叶橡胶树（*Hevea brasiliensis*）：常绿乔木，茎皮部富含胶乳。三出复叶，互生，叶柄顶端通常具3腺体，小叶椭圆形至倒卵形，革质，无毛，侧脉和网脉明显，花单性，雌雄同株。由多个聚伞花序组成腋生的圆锥花序，每聚伞花序的中央花为雌花，其余为雄花。蒴果大，球形，成熟时分裂成3果瓣；种子大。

（3）一品红（*Euphorbia pulcherrima*）：灌木，茎直立，叶互生，卵状椭圆形、长椭圆形或披针形，长6~25厘米，宽4~10厘米，边缘全缘或浅裂或波状浅裂，苞叶5~7枚，狭椭圆形，通常全缘，极少边缘浅波状分裂，朱红色；花序数个聚伞排列于枝顶；总苞坛状，淡绿色，边缘齿状5裂，裂片三角形，无毛；腺体常1枚，黄色，常压扁，呈两唇状，雄花多数，常伸出总苞之外；雌花1枚，子房柄明显伸出总苞之外，蒴果，三棱状圆形。

（4）乌桕（*Sapium sebiferum*）：落叶乔木，具乳状汁液；树皮暗灰色，有纵裂纹；叶互生，纸质，叶片菱形、菱状卵形，长3~8厘米，宽3~9厘米，全缘；侧脉6~10对，网状脉明显，花单性，雌雄同株，聚集成顶生、长6~12厘米的总状花序，雌花通常生于花序轴最下部雄花生于花序轴上部，雄花：每一苞片内具10~15朵花；小苞片3，不等大，花萼杯状，3浅裂，雄蕊2枚，伸出于花萼之外，雌花：苞片深3裂，裂片渐尖，每一苞片内仅1朵雌花，花萼3深裂，子房3室，蒴果梨状球形，成熟时黑色。

（5）油桐（*Vernicia fordii*）：落叶乔木，树皮灰色，叶卵圆形，长8~18厘米，宽6~15厘米，全缘，稀1~3浅裂，掌状脉5（~7）条；叶柄顶端有2枚扁平、无柄腺体。花雌雄同株，花萼长约1厘米，2（~3）裂，花瓣白色，有淡红色脉纹，倒卵形，雄花：雄蕊8~12枚，2轮；外轮离生，内轮花丝中部以下合生；雌花：子房3~5（~8）室，每室有1颗胚珠，核果近球状，果皮光滑。

（6）红背桂（*Excoecaria cochinchinensis*）：常绿灌木，叶对生，纸质，叶片狭椭圆形或长圆形，长 6~14 厘米，宽 1.2~4 厘米，边缘有疏细齿，两面均无毛，腹面绿色，背面紫红或血红色；侧脉 8~12 对，花单性，雌雄异株，聚集成腋生或稀兼有顶生的总状花序，雄花序长 1~2 厘米，雌花序由 3~5 朵花组成，雄花：苞片阔卵形，每一苞片仅有 1 朵花；萼片 3 片，披针形，雄蕊长伸出于萼片之外，雌花：苞片和小苞片与雄花的相同；萼片 3 片，卵形，子房球形，花柱 3 枚，蒴果球形。

（7）余甘子（*Phyllanthus emblica*）：乔木，树皮浅褐色；枝条具纵细叶片纸质至革质，二列，线状长圆形，长 8~20 毫米，宽 2~6 毫米，侧脉每边 4~7 条；多朵雄花和 1 朵雌花或全为雄花组成腋生的聚伞花序；萼片 6 片；雄花：萼片膜质，黄色，雄蕊 3 枚，雌花：萼片长圆形或匙形，子房卵圆形，3 室，花柱 3，核果，圆球形。

3. 山茶科（Theaceae）重要识别特征：乔木或灌木。叶革质，互生，羽状脉，全缘或有锯齿，花两性稀雌雄异株，单生或数花簇生，萼片 5 片至多片，脱落或宿存，花瓣 5 片至多片，白色，或红色及黄色；雄蕊多数，子房上位，2~10 室；胚珠每室 2 颗至多数，果为蒴果，或不分裂的核果及浆果状。

（1）云南山茶（*Camellia reticulata*）常绿乔木，树皮灰褐色；叶互生，革质，长圆状卵形至卵状披针形，长 5~15 厘米，宽 3~7 厘米，边缘具细锐锯齿，花粉红色至深红色，常 1~3 朵着生于新梢顶端叶腋，萼片 5~7 片，被毛；花瓣 5~7 片，重瓣花可达 30~60 片；雄蕊多数，基部连合成筒状；子房上位，3~5 室，蒴果扁球形，外壳厚木质。

（2）油茶（*Camellia oleifera*）：灌木或中乔木，叶革质，椭圆形，长圆形或倒卵形，长 5~7 厘米，宽 2~4 厘米，侧脉在上面能见，在下面不很明显，边缘有细锯齿，花顶生，近于无柄，苞片与萼片约 10 片，花瓣白色，5~7 片，倒卵形，雄蕊长多数，外侧雄蕊仅基部略连生，子房有黄长毛，3~5 室，蒴果球形或卵圆形。

（3）茶梅（*Camellia sasanqua*）：常绿灌木或小乔木，树皮灰白色，叶互生，椭圆形至长圆卵形，边缘有细锯齿，革质，侧脉不明显，花多白色和红色，蒴果球形。

（4）厚皮香（*Ternstroemia gymnanthera*）：常绿灌木或小乔木，树皮灰褐色，平滑；叶革质或薄革质，通常聚生于枝端，互生，叶片椭圆形、椭圆状倒卵形至长圆状倒卵形，长 5.5~9 厘米，宽 2~3.5 厘米，边全缘，侧脉 5~6 对，两面均不明显，花两性或单性，两性花：小苞片 2 片，萼片 5 片，花瓣 5 片，淡黄白色，倒卵形，雄蕊约 50 枚，子房圆卵形，2 室，胚珠每室 2 颗，蒴果圆球形。

（5）银木荷（*Schima argentea*）：常绿乔木，叶厚革质，长圆形或长圆状披针形，长 8~12 厘米，宽 2~3.5 厘米，上面发亮，下面有银白色蜡被，侧脉 7~9 对，在两面明显，全缘；花数朵生枝顶，苞片 2 片，卵形，萼片圆形，花瓣长 1.5~2 厘米，最外 1 片较短，有绢毛；雄蕊长 1 厘米；子房有毛，花柱长 7 毫米。蒴果直径 1.2~1.5 厘米。

（6）木荷（*Schima superba*）：大乔木，叶革质或薄革质，椭圆形，长7~12厘米，宽4~6.5厘米，侧脉7~9对，在两面明显，边缘有钝齿；花生于枝顶叶腋，常多朵排成总状花序，白色，苞片2片，贴近萼片，萼片半圆形，花瓣长1~1.5厘米，最外1片风帽状，边缘多少有毛；蒴果。

（7）金叶柃（*Eurya aurea*）：灌木，有时为小乔木状，嫩枝具2棱，叶革质，椭圆形或长圆状椭圆形至卵状披针形，长5~10厘米，宽 2~3 厘米，边缘通常密生细钝齿，侧脉 9~11 对，花 1~3 朵腋生，雄花：小苞片 2 片，圆形，萼片 5 片，近膜质，花瓣 5 片，白色，倒卵形，雄蕊 13~15 枚，雌花的小苞片和萼片与雄花同；花瓣 5 片，长圆形或卵形，子房圆球形，3 室，果实圆球形，成熟时紫黑色。

4. 桃金娘科（Myrtaceae）重要识别特征：常绿木本，单叶，全缘，革质，对生或轮生，具透明油点。花两性，5 基数，子房下位，中轴胎座，果为浆果、核果、蒴果或坚果，顶端常有凸起的萼檐。

（1）蓝桉（*Eucalyptus globulus*）：大乔木，树皮灰蓝色，片状剥落；幼态叶对生，叶片卵形，基部心形，无柄，有白粉；成长叶片革质，披针形，镰状，长 15~30 厘米，宽 1~2 厘米，侧脉不很明显，边脉离边缘 1 毫米；花大，单生或 2~3 朵聚生于叶腋内；萼管倒圆锥形，被白粉；帽状体稍扁平，雄蕊长 8~13 毫米，多列，蒴果半球形，有 4 棱，果缘平而宽，果瓣不突出。

（2）直干桉（*Eucalyptus maideni*）：大乔木，树皮灰蓝色，基部有宿存树皮；嫩枝圆形有棱。幼嫩叶多对生；叶片卵形至圆形，成熟叶片披针形，长 20 厘米，宽 2.5 厘米，革质，伞形花序有花 3~7 朵，总梗压扁或有棱；萼管倒圆锥形，有棱；帽状体三角锥状，与萼冠等长；雄蕊多数，蒴果钟形或倒圆锥形，果缘较宽，果瓣 3~5 瓣，先端突出萼管外。

（3）赤桉（*Eucalyptus camaldulensis*）：大乔木，树皮平滑，暗灰色，片状脱落，树干基部有宿存树皮；嫩枝圆形，幼态叶对生，叶片阔披针形，成熟叶片薄革质，狭披针形至披针形，长 6~30 厘米，宽 1~2 厘米，稍弯曲，侧脉以 45 度角斜向上，边脉离叶缘 0.7 毫米；伞形花序腋生，有花 5~8 朵，总梗圆形，萼管半球形，帽状体长 6 毫米，近先端急剧收缩，尖锐；雄蕊长 5~7 毫米，蒴果近球形，果缘突出 2~3 毫米，果瓣 4 瓣，有时为 3 瓣或 5 瓣。

（4）大叶桉（*Eucalyptus robusta*）：大乔木，树皮不剥落，幼嫩叶对生，革质，卵形，成熟叶互生，叶片厚革质，卵状披针形，两侧不等，长 8~17 厘米，伞形花序粗大，有花 4~8 朵，总梗压扁；

花蕾长 1.4~2 厘米，萼管半球形或倒圆锥形；花瓣与萼片台生成一帽状体，先端收缩成喙；雄蕊多数，蒴果卵状壶形，长 1~1.5 厘米，上半部略收缩，蒴口稍扩大，果瓣 3~4 瓣，深藏于萼管内。

（5）红千层（*Callistemon rigidus*）：小乔木，树皮坚硬，灰褐色；嫩枝有棱，叶片坚革质，线形，长 5~9 厘米，宽 3~6 毫米，侧脉明显，边脉位于边上，突起；穗状花序生于枝顶；萼管略被毛，萼齿半圆形，近膜质；花瓣绿色，卵形，有油腺点；雄蕊长 2.5 厘米，鲜红色，花柱比雄蕊稍长，先端绿色，其余红色，蒴果半球形，果瓣稍下陷，3 瓣裂开，果瓣脱落。

（6）蒲桃（*Syzygium jambos*）：乔木，叶片革质，披针形或长圆形，长 12~25 厘米，宽 3~4.5 厘米，叶面多透明细小腺点，侧脉 12~16 对，靠近边缘 2 毫米处相结合成边脉，侧脉间相隔 7~10 毫米，网脉明显，聚伞花序顶生，有花数朵，花白色，萼管倒圆锥形，萼齿 4，半圆形，花瓣分离，阔卵形，雄蕊长 2~2.8 厘米，果实球形，果皮肉质，成熟时黄色，有油腺点。

5. 鼠李科（Rhamnaceae）重要识别特征：乔木、灌木，稀藤本，花小，两性，稀杂性或单性异株，多为聚伞花序，枳椇属的花序轴在果期肉质膨大；花萼筒状，4~6 浅裂，花瓣 4~5 片，雄蕊 5 枚，与花瓣对生，且常为花瓣所包藏，子房上位或一部分埋藏于花盘内，3 或 2 室稀 4 室，各有一胚珠，核果、翅果、坚果，少数属为蒴果。

（1）薄叶鼠李（*Rhamnus leptophylla*）：灌木或稀小乔木，叶纸质，互生或近对生，或在短枝上簇生，倒卵形至倒卵状椭圆形，长 3~8 厘米，宽 2~5 厘米，边缘具圆齿或钝锯齿，侧脉每边 3~5 条，具不明显的网脉，花单性，雌雄异株，4 基数，有花瓣，雄花 10~20 个簇生于短枝端；雌花数个至 10 余个簇生于短枝端或长枝下部叶腋，核果球形，基部有宿存的萼筒，有 2~3 个分核，成熟时黑。

（2）拐枣（*Hovenia acerba*）：落叶乔木，叶片椭圆状卵形、宽卵形或心状卵形，长 8~16 厘米，宽 6~11 厘米，基部圆形或心形，常不对称，边缘有细锯齿，聚伞花序顶生和腋生；花小，黄绿色，花瓣扁圆形；花柱常裂至中部或深裂，果柄肉质，扭曲，红褐色；果实近球形，果实形态似万字符“卍”，故称万寿果。

（3）多脉猫乳（*Rhamnella martinii*）：灌木或小乔木，叶纸质，长椭圆形、披针状椭圆形或矩圆状椭圆形，长4~11厘米，宽1.5~4.2厘米，边缘具细锯齿，侧脉每边6~8条；腋生聚伞花序，花小，黄绿色，萼片卵状三角形，花瓣倒卵形，顶端微凹；核果近圆柱形，成熟时或干后变黑紫色。

（4）枣（*Ziziphus jujuba*）：落叶小乔木，树皮褐色或灰褐色；具 2 个托叶刺，长刺可达 3 厘米，粗直，短刺下弯，自老枝发出；当年生小枝绿色，下垂，单生或 2~7 个簇生于短枝上，叶纸质，卵形，卵状椭圆形，或卵状矩圆形；长 3~7 厘米，宽 1.5~4 厘米，边缘具圆齿状锯齿，基生三出脉；花黄绿色，两性，5 基数，单生或 2~8 个密集成腋生，聚伞花序；萼片卵状三角形；花瓣倒卵圆形，基部有爪，与雄蕊等长；子房下部藏于花盘内，与花盘合生，2 室，每室有 1 颗胚珠，核果矩圆形或长卵圆形，成熟时红色，后变红紫色，中果皮肉质，厚，味甜。

（二）分科、分种识别代表植物

1. 根据实验材料，以科为单位，观察椴树科、大戟科、山茶科、桃金娘科、鼠李科植物的特征。

观察椴树科、大戟科、山茶科、桃金娘科、鼠李科植物的外观，比较各科在树形大小、树皮、叶的类型、叶形、叶脉、叶缘、叶序、花冠类型、花序类型、雄蕊类型、雌蕊类型、果实类型等方面的特点。

2. 根据实验材料，以种为单位，观察椴树科、大戟科、山茶科、桃金娘科、鼠李科各代表种植物的特征。

借助放大镜或实体显微镜观察椴树科、大戟科、山茶科、桃金娘科、鼠李科各种植物的生长型、树皮、气味、叶的类型、叶缘、叶序、叶脉、花冠、雌蕊、雄蕊、果实等方面的特点。

五、注意事项

树种的实验材料可根据本地具体情况加以选择，实训内容和顺序也可以根据季节进行增减或调整。

六、实验结果记录

1. 椴树科、大戟科、茶科、桃金娘科、鼠李科特征识别记录。

科名 特征	椴树科	大戟科	茶科	桃金娘科	鼠李科
生长型					
叶的类型					
叶序					
叶脉					
叶缘					
花被					
雌蕊					
雄蕊					
花序					
果实					

2. 代表种特征的识别记录。

特征 种名	生长型	叶的类型	叶序	叶脉	叶缘	花被	雌蕊	雄蕊	花序	果实

七、任务评价

识别完后，每个学生进行椴树科、大戟科、山茶科、桃金娘科、鼠李科五科代表植物特征识别的考核。每写对一个科名、属名、种名分别得 1 分，写错或有错别字不得分；主要识别特征描述清楚，得 3 分；特征描述不清楚，根据情况酌情扣分。

<table>
<tr><th rowspan="2">序号</th><th rowspan="2">考核
时间</th><th rowspan="2">分值</th><th colspan="4">考核内容</th><th rowspan="2">考核
方法</th></tr>
<tr><th>科名
（1分）</th><th>属名
（1分）</th><th>种名
（1分）</th><th>识别特征
（3分）</th></tr>
<tr><td>1</td><td rowspan="16">30
分钟</td><td>6</td><td></td><td></td><td></td><td></td><td rowspan="16">单人
考核</td></tr>
<tr><td>2</td><td>6</td><td></td><td></td><td></td><td></td></tr>
<tr><td>3</td><td>6</td><td></td><td></td><td></td><td></td></tr>
<tr><td>4</td><td>6</td><td></td><td></td><td></td><td></td></tr>
<tr><td>5</td><td>6</td><td></td><td></td><td></td><td></td></tr>
<tr><td>6</td><td>6</td><td></td><td></td><td></td><td></td></tr>
<tr><td>7</td><td>6</td><td></td><td></td><td></td><td></td></tr>
<tr><td>8</td><td>6</td><td></td><td></td><td></td><td></td></tr>
<tr><td>9</td><td>6</td><td></td><td></td><td></td><td></td></tr>
<tr><td>10</td><td>6</td><td></td><td></td><td></td><td></td></tr>
<tr><td>11</td><td>6</td><td></td><td></td><td></td><td></td></tr>
<tr><td>12</td><td>6</td><td></td><td></td><td></td><td></td></tr>
<tr><td>13</td><td>6</td><td></td><td></td><td></td><td></td></tr>
<tr><td>14</td><td>6</td><td></td><td></td><td></td><td></td></tr>
<tr><td>15</td><td>6</td><td></td><td></td><td></td><td></td></tr>
<tr><td>16</td><td>10
（职业
素养）</td><td colspan="4">具有信息查询、搜集和整理的能力，自主学习的能力，思考、观察及分析问题、解决问题的能力得5分；具有吃苦耐劳的精神，自我管理能力强，团队协作精神和安全意识良好，热爱自然、保护环境得5分。不足之处酌情扣分。</td></tr>
</table>

任务十　观察识别芸香科、楝科、无患子科、槭树科

一、任务目标

学会芸香科（Rutaceae）、楝科（Meliaceae）、无患子科（Sapindaceae）、槭树科（Aceraceae）科植物的识别方法，能说出科的特征，并能区别该四个科的代表植物，具有现场识别本地区常见芸香科、楝科、无患子科、槭树科植物种类的能力。养成良好的科学、客观、严谨的态度；培养分析能力及团队协作精神，树立爱护植物、保护环境的意识。

二、完成形式

以小组为单位，每个同学利用所学的知识在教师的指导下，对所提供的芸香科、楝科、无患子科、槭树科代表植物蜡叶标本和鲜叶标本进行识别与观察，或现场识别。

三、备品与材料

1. 仪器设备：实体显微镜每组 2 台。

2. 材料与工具统计表。

序号	名　称	型号或规格	数量
1	放大镜		每组2台
2	枝剪、高枝剪、标本夹		每组各1

（续表）

序号	名　称	型号或规格	数量
3	芸香科（Rutaceae）： 柚（*Citrus maxima*）、橙（*Citrus sinensis*）、 花椒（*Zanthoxylum bungeanum*）等； 楝科（Meliaceae）： 苦楝（*Melia azedarach*）、川楝（*MeLia toosendan*）、 红椿（*Toona ciliata*）、香椿（*Toona sinensis*）等； 无患子科（Sapindaceae）： 龙眼（*Dimocarpus longan*）、 复羽叶栾树（*Koelreuteria bipinnata*）、 荔枝（*Litchichinensis*）等； 槭树科（Aceraceae）： 三角枫（*Acer buergerianum*）、青榨槭（*Acer davidii*）、 鸡爪槭（*Acer palmatum*）。	蜡叶标本或鲜叶标本	每组1套
4	植物检索表、参考书籍		每组1套

四、任务实施

（一）知识准备

1. 芸香科（Rutaceae）重要识别特征：木本，稀草本，体内有芳香油。叶互生或对生，复叶，稀单叶，叶具透明油腺点。花两性，稀单性，聚伞花序，萼片4~5或4~5裂，花瓣4~5室。子房上位，每室胚珠1~2颗。蓇葖果、蒴果、核果、浆果、柑果或翅果。

（1）柚（*Citrus maxima*）：常绿乔木，树高可达10米，小枝被柔毛，有刺。叶椭圆形或卵状椭圆形，叶缘具钝锯齿，叶柄有倒三角状宽翅。花单生或簇生叶腋。果大，近球形或卵球形，黄色，中果皮厚，白色，海绵质，果瓣12~18瓣，子叶及胚白色。

（2）橙（*Citrus sinensis*）：常绿小乔木，枝刺短小或无。叶椭圆形或卵状椭圆形，全缘或具不明显钝锯齿，叶柄具窄翅。花总状或簇生，子叶及胚白色。果近球形或卵形，橙黄色或带红色，果皮与果瓣不易剥离，果心实。

（3）花椒（*Zanthoxylum bungeanum*）：落叶小乔木。小叶5~9，卵状长圆形或椭圆形，叶缘具钝锯齿，叶轴具窄翅。聚伞圆锥花序顶生。蓇葖果2~3聚生，熟时红色。种子圆卵形，黑色。

2. 楝科（Meliaceae）重要识别特征：木本，稀草本。叶互生，羽状复叶，稀3小叶复叶或单叶。花两性，整齐，常组成圆锥花序，萼4~5裂，花瓣与萼裂片同数。雄蕊4~12枚，花丝合生成筒状。浆果、蒴果，稀核果。

（1）苦楝（*Melia azedarach*）：落叶乔木，树高可达20米，树皮浅纵裂。小叶卵圆形至卵状披针形，萼片、花瓣5~6片，雄蕊10~12枚，花丝合生成筒状。核果。

（2）川楝（*MeLia toosendan*）：与苦楝相似，主要区别在于小叶全缘，稀具锯齿。花序较苦楝长，核果较苦楝大，长在2厘米以上。

（3）香椿（*Toona sinensis*）：落叶乔木。偶数羽状复叶，小叶对生，全缘或具不明显锯齿。花小，白色，顶生大而下垂的圆锥花序。蒴果，种子上端具膜质翅。

（4）红椿（*Toona ciliata*）：与香椿相似，区别在于小枝初被柔毛，后无毛，小叶7~8对，全缘，叶柄较长。蒴果有苍白色稀疏皮孔，种子两端有翅。

3. 无患子科（Sapindaceae）重要识别特征：乔木或灌木。羽状复叶，稀单叶或掌状复叶，互生，稀对生。花小，两性或单性，有时杂性。圆锥或总状花序，萼片4~5片，花瓣4~5片，或缺，雄蕊8~10枚，花丝分离，子房上位，通常3室。蒴果、核果、浆果或荔果。

（1）龙眼（*Dimocarpus longan*）：常绿乔木。树冠伞形，树

皮网状浅裂幼枝及花序被星状毛。小叶椭圆状披针形，薄革质，基部稍偏斜，上面有光泽。果球形，1.2~2.5 厘米，熟时黄褐色，种子褐黑色。

（2）复羽叶栾树（*Koelreuteria bipinnata*）：落叶乔木。2 回羽状复叶，羽片 5~10 对，小叶卵状披针形或椭圆状卵形，长 4~8 厘米，边缘有锯齿，下面叶脉具毛，叶轴及羽轴均具毛。顶生圆锥花序，花黄色，蒴果红色。

（3）荔枝（*Litchi chinensis*）：常绿乔木，树冠伞形，树皮不开裂。1 回偶数羽状复叶，小叶 2~4 对，全缘，侧脉不明显，上面具光泽，下面粉绿色。荔果，熟时红色，外果皮薄革质，果皮有小瘤状突起。

4.槭树科（Aceraceae）重要识别特征：落叶乔木或灌木，稀常绿。叶对生，单叶或复叶。花单性、两性或杂性，整齐，簇生或排列成各式花序。萼片、花瓣常4~5片，雄蕊4~12枚，通常8枚，子房上位，心皮2，2室，花柱2枚，柱头常反卷。翅果。

（1）三角枫（*Acer buergerianum*）：落叶乔木，树皮长条片状剥落。叶纸质卵圆形，通常 3 裂。花序顶生，萼片及花瓣 5 片。果翅近于平行。

（2）青榨槭（*Acer davidii*）：落叶乔木，高可达 15 米。叶卵形或长卵形，先端尾状渐尖。基部近心形，叶缘不整齐钝齿。花杂性，总状花序顶生。果翅展开成钝角。

（3）鸡爪槭（*Acer palmatum*）：落叶小乔木，树高可达 7 米，小枝细瘦。叶纸质，径 6~10 厘米，通常 7 裂，边缘具尖锐锯齿。花紫色，杂性，伞房花序。小坚果球形，果翅幼时紫红色，张开成直角至钝角。

（二）分科、分种识别代表植物

1. 根据实验材料，以科为单位，观察芸香科、楝科、无患子科、槭树科植物的特征。

观察芸香科、楝科、无患子科、槭树科植物的外观，比较各科在单叶或复叶、叶形、叶序、气味、花序、果实、种子等方面的特点。

2. 根据实验材料，以种为单位，观察芸香科、楝科、无患子科、槭树科各种植物的特征。

重点观察各科代表植物的叶、花与果。可借助放大镜或实体显微镜观察其花部结构以及果实、种子等方面的特点。

五、注意事项

树种的实验材料可根据本地具体情况加以选择，实训内容和顺序也可以根据季节进行增减或调整。

六、实验结果记录

1. 科特征的识别记录。

科名 特征	芸香科	楝科	无患子科	槭树科
树高树冠				
树皮				
叶形				
叶序				
叶缘				
枝条				
花				
果				
种子				

2. 代表种特征的识别记录。

特征 种名	树高树皮	小枝	叶形	叶缘	花序	果	种子

七、任务评价

识别完后，每个学生进行芸香科、楝科、无患子科、槭树科四科代表植物特征识别的考核。每写对一个科名、属名、种名分别得 1 分，写错或有错别字不得分；主要识别特征描述清楚，得 3 分；特征描述不清楚，根据情况酌情扣分。

<table>
<tr><th rowspan="2">序号</th><th rowspan="2">考核时间</th><th rowspan="2">分值</th><th colspan="4">考核内容</th><th rowspan="2">考核方法</th></tr>
<tr><th>科名（1分）</th><th>属名（1分）</th><th>种名（1分）</th><th>识别特征（3分）</th></tr>
<tr><td>1</td><td rowspan="16">30分钟</td><td>6</td><td></td><td></td><td></td><td></td><td rowspan="16">单人考核</td></tr>
<tr><td>2</td><td>6</td><td></td><td></td><td></td><td></td></tr>
<tr><td>3</td><td>6</td><td></td><td></td><td></td><td></td></tr>
<tr><td>4</td><td>6</td><td></td><td></td><td></td><td></td></tr>
<tr><td>5</td><td>6</td><td></td><td></td><td></td><td></td></tr>
<tr><td>6</td><td>6</td><td></td><td></td><td></td><td></td></tr>
<tr><td>7</td><td>6</td><td></td><td></td><td></td><td></td></tr>
<tr><td>8</td><td>6</td><td></td><td></td><td></td><td></td></tr>
<tr><td>9</td><td>6</td><td></td><td></td><td></td><td></td></tr>
<tr><td>10</td><td>6</td><td></td><td></td><td></td><td></td></tr>
<tr><td>11</td><td>6</td><td></td><td></td><td></td><td></td></tr>
<tr><td>12</td><td>6</td><td></td><td></td><td></td><td></td></tr>
<tr><td>13</td><td>6</td><td></td><td></td><td></td><td></td></tr>
<tr><td>14</td><td>6</td><td></td><td></td><td></td><td></td></tr>
<tr><td>15</td><td>6</td><td></td><td></td><td></td><td></td></tr>
<tr><td>16</td><td>10（职业素养）</td><td colspan="4">具有信息查询、搜集和整理的能力，自主学习的能力，思考、观察及分析问题、解决问题的能力得5分；具有吃苦耐劳的精神，自我管理能力强，团队协作精神和安全意识良好，热爱自然、保护环境得5分。不足之处酌情扣分。</td></tr>
</table>

任务十一　观察识别木犀科、紫葳科、玄参科、菊科

一、任务目标

学会木犀科（Oleaceae）、紫葳科（Bignonia）、玄参科（Scrophulariaceae）、菊科（Compositae）科的识别方法，能说出科的特征，并能区别该四个科的代表植物，具有现场识别本地区常见木犀科、紫葳科、玄参科、菊科植物种类的能力。养成良好的科学、客观、严谨的态度；培养分析能力及团队协作精神，树立爱护植物、保护环境的意识。

二、完成形式

以小组为单位，每个同学利用所学的知识在教师的指导下，对所提供的木犀科、紫葳科、玄参科、菊科代表植物蜡叶标本和鲜叶标本进行识别与观察，或现场识别。

三、备品与材料

1. 仪器设备：实体显微镜每组 2 台。

2. 材料与工具统计表。

序号	名　称	型号或规格	数量
1	放大镜		每组2台
2	枝剪、高枝剪、标本夹		每组各1

（续表）

序号	名 称	型号或规格	数量
3	木犀科（Oleaceae）： 白蜡树（*Fraxinus chinensis*）、桂花（*Osmanthus fragrans*）、女贞（*Ligustrum lucidum*）、油橄榄（*Olea europaea*）、流苏树（*Chionanthus retusus*）、连翘（*Forsythia suspensq*）、茉莉（*Jasminum sambac*）、迎春柳（*Jasminum mesnyi*）等； 紫葳科（Bignonia）： 凌霄花（*Campsis grandiflora*）、滇楸（*Catalpa fargesii*f*duclouxii*）、梓树（*Catalpa ovata*）、蓝花楹（*Jacaranda mimosifolia*）、炮仗花（*Pyrostegia venusta*）等； 玄参科（Scrophulariaceae）： 泡桐（*Paulownia fortunei*）、马先蒿（*Pedicularis chinensis*）、玄参（*Scrophularia ningpoensis*）等； 菊科（Compositae）： 木茼蒿（*Argyranthemum frutescens*）、艾蒿（*Artemisia argyi*）、青蒿（*Artemisia carvifolia*）、千里光（*Senecio scandens*）、苍耳（*Xanthium sibiricum*）等。	蜡叶标本或鲜叶标本	每组1套
4	植物检索表、参考书籍		每组1套

四、任务实施

（一）知识准备

1. 木犀科（Oleaceae）重要识别特征：常绿或落叶乔木或灌木，有时为藤本。叶对生，很少为互生（素馨属），单叶或羽状复叶，无托叶。圆锥花序、聚伞花序或花簇生，顶生或腋生。花辐射对称，两性或有时为单性（梣属、木犀属）；花萼通常 4 裂，花冠合瓣，4 裂，有时缺；雄蕊通常 2 枚；子房上位，2 室，花柱单一，柱头 2 裂或头状。果实为核果、蒴果、浆果或翅果。

（1）白蜡树（*Fraxinus chinensis*）：落叶乔木，高达 15 米，树皮灰褐色，纵裂。小枝黄褐色，粗糙，无毛或疏被长柔毛。羽状复叶长 15~25 厘米，小叶 5~7，长 3~10 厘米，宽 2~4 厘米，顶生小叶与侧生小叶近等大或稍大，先端锐尖至渐尖，基部钝圆或楔形，叶缘具整齐锯齿。圆锥花序顶生或腋生枝梢，花雌雄异株，雄花花萼小，钟状，雌花花萼大，桶状。果倒披针形。

（2）桂花（*Osmanthus fragrans*）：常绿乔木，高 3~5 米，最高可达 12 米；树皮灰褐色。小枝黄褐色，无毛。叶片革质，椭圆形或椭圆状披针形，长 4~12 厘米，先端渐尖，全缘或通常上半部具细锯齿。聚伞花序簇生于叶腋，花极芳香，花冠黄白色、淡黄色。果椭圆形，长 1~1.5 厘米，熟时呈紫黑色。

（3）女贞（*Ligustrum lucidum*）：常绿乔木，树高 6~15 米。枝叶无毛。叶革质，卵形、长卵形或椭圆形至宽椭圆形，长 6~12 厘米，宽 3~8 厘米，先端锐尖至渐尖或钝，基部圆形或近圆形，有时宽楔形或渐狭，叶缘平坦，上面光亮，两面无毛。花白色，果椭圆形，长约 1 厘米，成熟时紫黑色。

（4）油橄榄（*Olea europaea*）：常绿小乔木，高可达 6.5 米；树皮灰色。枝灰色或灰褐色，小枝具棱角，密被银灰色鳞片。叶片革质，披针形，有时为长圆状椭圆形或卵形，长 1.5~5 厘米，宽 0.5~1.5 厘米，先端锐尖至渐尖，基部渐窄或楔形，全缘，叶缘反卷，上面深绿色，稍被银灰色鳞片，下面浅绿色，密被银灰色鳞片，侧脉不明显。花两性，白色。核果推原型或卵形，成熟时亮黑色。

（5）流苏树（*Chionanthus retusus*）：落叶灌木或乔木，高可达 20 米。幼枝淡黄色或褐色，疏被或密被短柔毛。叶片革质或薄革质，长圆形、椭圆形或圆形，有时卵形或倒卵形至倒卵状披针形，长 3~12 厘米，宽 2~6.5 厘米，先端圆钝，基部圆或宽楔形至楔形，全缘或有小锯齿，叶缘稍反卷，幼时上面沿脉被长柔毛，下面密被或疏被长柔毛，叶缘具睫毛，老时沿脉被柔毛；叶柄长0.5~2厘米，密被黄色卷曲柔毛。聚伞状圆锥花序，长3~12厘米，顶生于枝端，苞片线形，长0.2~1厘米，花冠白色，4深裂，裂片线状倒披针形，长1.5~2.5厘米，花冠管短，长1.5~4毫米；雄蕊藏于管内或稍伸出。果椭圆形，被白粉，长1~1.5厘米，成熟时蓝黑色或黑色。

（6）连翘（*Forsythia suspensq*）：落叶丛生灌木。枝开展或下垂，略呈四棱形，疏生皮孔，节间中空。叶通常为单叶，或3裂至三出复叶，叶片卵形、宽卵形或椭圆状卵形至椭圆形，长3~10厘米，先端锐尖，基部圆形、宽楔形至楔形，叶缘除基部外具锐锯齿或粗锯齿，无毛。花通常单生或2朵至数朵着生于叶腋，先于叶开放；花萼绿色，4裂；花冠黄色，4裂。蒴果卵球形、卵状椭圆形或长椭圆形，表面散生疣点。

（7）茉莉（*Jasminum sambac*）：常绿灌木，高0.5~3米。幼枝有短柔毛，枝细长呈藤本状。叶对生，单叶，叶片纸质，圆形、椭圆形、卵状椭圆形或倒卵形，长4~12厘米，两端圆或钝，基部有时微心形。聚伞花序顶生，通常有花3朵，有时单花或多达5朵；花萼裂片8~9片，线形，花冠白色。果球形，径约1厘米，呈紫黑色。

（8）迎春柳（*Jasminum mesnyi*）：常绿直立亚灌木，高0.5~5米，枝条下垂。小枝四棱形，具沟，光滑无毛。叶对生，三出复叶或小枝基部具单叶；叶柄长0.5~1.5厘米，叶片和小叶片近革质，两面几无毛，叶缘反卷，具睫毛，中脉在下面凸起，侧脉不甚明显；花通常单生于叶腋，稀双生或单生于小枝顶端；花萼钟状，裂片5~8枚，小叶状，披针形，长4~7毫米，宽1~3毫米，先端锐尖；花冠黄色，漏斗状，裂片6~8枚，宽倒卵形或长圆形，长1.1~1.8厘米，宽0.5~1.3厘米，栽培时出现重瓣。果椭圆形，两心皮基部愈合，径6~8毫米。

2. 紫葳科（Bignonia）重要识别特征：常绿或落叶乔木、灌木和藤本植物，稀草本。叶对生或轮生，稀互生，单叶或 1~3 回羽状复叶，无托叶。花两性，二唇形，单生或总状花序或圆锥花序，花萼钟形，花冠合瓣，5 裂，裂片覆瓦状排列，呈 2 唇形，上唇 2 裂，下唇 3 裂，雄蕊与花冠裂片互生，着生于花冠筒上，通常仅 4 或 2 枚雄蕊发育，其余的 1 或 3 枚不良或退化，子房上位，2 心皮，2 室或 1 室，花柱细长，2 裂。蒴果，通常狭长，种子极多，扁平，有膜质翅或丝毛。

（1）凌霄花（*Campsis grandiflora*）：攀缘藤本；茎木质，表皮脱落，枯褐色，以气生根攀附于它物之上。叶对生，为奇数羽状复叶；小叶 7~9 枚，卵形至卵状披针形，顶端尾状渐尖，基部阔楔形，两侧不等大，边缘有粗锯齿。顶生疏散的短圆锥花序，花萼钟状，长 3 厘米，裂片披针形，长约 1.5 厘米。花冠内面鲜红色，外面橙黄色，长约 5 厘米，裂片半圆形。蒴果顶端钝。

（2）滇楸（*Catalpa fargesiif.duclouxii*）：乔木，高达 25 米。叶厚纸质，卵形或三角状心形，长 13~20 厘米，宽 10~13 厘米，顶端渐尖，基部截形或微心形，无毛。顶生伞房状总状花序，有花 7~15 朵。花萼 2 裂，裂片卵圆形。花冠淡红色至淡紫色，内面具紫色斑点，钟状，长约 3.2 厘米。蒴果细圆柱形，下垂，长 55~80 厘米。种子椭圆状线形，薄膜质。

（3）梓树（*Catalpa ovata*）：落叶乔木，高可达 15 米。叶宽卵形或卵圆形，长 10~25 厘米。圆锥花序具花 100 余朵，花冠淡黄色，径 1.5~3.2 厘米。果长 22~25 厘米，径 5~6 毫米。

（4）蓝花楹（*Jacaranda acutifolia*）：落叶乔木，高达 15 米。叶对生，为 2 回羽状复叶，羽片通常在 16 对以上，小叶椭圆状披针形至椭圆状菱形，长 6~12 毫米，宽 2~7 毫米，顶端急尖，基部楔形，全缘。花蓝色，花序长达 30 厘米，直径约 18 厘米。花萼筒状，萼齿 5 个。花冠筒细长，蓝色，下部微弯，上部膨大，长约 18 厘米，花冠裂片圆形。蒴果木质，扁卵圆形。

（5）炮仗花（*Pyrostegia venusta*）：藤本，具有3叉丝状卷须。叶对生，小叶2~3，卵形，顶端渐尖，基部近圆形，长4~10厘米，宽3~5厘米，全缘。圆锥花序着生于侧枝的顶端，长约10~12厘米。花萼钟状，有5小齿。花冠筒状，内面中部有一毛环，基部收缩，橙红色，裂片5，长椭圆形，花蕾时镊合状排列，花开放后反折，边缘被白色短柔毛。果瓣革质，舟状，内有种子多列，种子具翅，薄膜质。

3. 玄参科（Scrophulariaceae）重要识别特征：草本、灌木或少有乔木。叶互生、下部对生而上部互生，或全对生，或轮生，无托叶。花序总状、穗状或聚伞状，常合成圆锥花序。花常不整齐；萼下位，常宿存，5，少有4基数；花冠4~5裂，裂片多少不等或作二唇形；雄蕊常4枚，而有1枚退化；花盘常存在，环状，杯状或小而似腺；子房2室，极少仅有1室。果为蒴果，少有浆果状，种子多数。

（1）泡桐（*Paulownia fortunei*）：落叶乔木，高可达30米。树皮灰色、灰褐色或灰黑色。单叶，对生，叶大，卵形，全缘或有浅裂，具长柄，柄上有绒毛。花大，近白色，里面有两种不同的紫斑。花冠钟形或漏斗形，上唇2裂、反卷，下唇3裂。蒴果卵形或椭圆形。

（2）马先蒿（*Pedicularis chinensis*）：多年生草本，高30~70厘米，直立。根多数丛生，细长纤维状。茎粗壮中空，方形有棱。叶互生或有时对生，卵形至长圆状披针形，长2.5~5.5厘米，宽1~2厘米，先端渐狭，基部广楔形或圆形，边缘有钝圆的重齿，两面无毛或有疏毛。花单生于茎枝上部的叶腋；萼长卵圆形，齿2枚；花冠长2~2.5厘米，淡紫红花，上唇盔状，扭向后方，下唇大，有缘毛，3裂。蒴果斜长圆状披针形，长1~1.5厘米。

（3）玄参（*Scrophularia ningpoensis*）：高大草本，可达1米余。

支根数条，纺锤形或胡萝卜状膨大，粗可达3厘米以上。茎四棱形，有浅槽，无翅或有极狭的翅，无毛或多少有白色卷毛，常分枝。

4. 菊科（Compositae）重要识别特征：草本。叶常互生，无托叶。头状花序单生或再排成各种花序，外形由一至多层苞片组成的总苞。花有两性，单性或中性，还有极少的雌雄异株。花萼退化以后，常变态为毛状、刺毛状或鳞片状，称之为冠毛；花冠合瓣，有管状、舌状或唇状；雄蕊5枚，着生于花冠筒上；花药合生成筒状，称聚药雄蕊。子房下位，合生心皮2枚，1室，具1个直立的胚珠；果为不开裂的瘦果。

（1）木茼蒿（*Argyranthemum frutescens*）：灌木，高达1米。枝条大部木质化。叶宽卵形、椭圆形或长椭圆形，二回羽状分裂。一回为深裂或几全裂，二回为浅裂或半裂。舌状花瘦果有3条具白色膜质宽翅形的肋。两性花瘦果有1~2条具狭翅的肋，并有4~6条细间肋。冠状冠毛长0.4毫米。

（2）艾蒿（*Artemisia argyi*）：多年生草本或略成半灌木状，植株有浓烈香气。茎单生或少数，褐色或灰黄褐色，基部稍木质化，上部草质，并有少数短的分枝，叶厚纸质，上面被灰白色短柔毛，基部通常无假托叶或极小的假托叶；上部叶与苞片叶羽状半裂、头状花序椭圆形，花冠管状或高脚杯状，外面有腺点，花药狭线形，花柱与花冠近等长或略长于花冠。瘦果长卵形或长圆形。

（3）青蒿（*Artemisia carvifolia*）：一年生草本。茎直立，圆柱形，上部多分枝，长30~80厘米，直径0.2~0.6厘米，具纵棱线。叶互生，茎中部的叶二回羽状分裂，线形小裂片。夏季开花，花淡黄色。头状花序半球形，外面为雌花，内层为两性花。雌花10~20朵，花冠狭管状，两性花30~40朵，孕育或中间若干朵不孕育，花冠管状，花药线形。瘦果长圆形至椭圆形。

（4）千里光（*Senecio scandens*）：多年生攀缘草本，根状

茎木质，粗径达 1.5 厘米，高 1~5 米。茎伸长，弯曲，长 2~5 米，多分枝，被柔毛或无毛，老时变木质，皮淡色。叶具柄，叶片卵状披针形至长三角形，长 2.5~12 厘米，宽 2~4.5 厘米，顶端渐尖，基部宽楔形，截形，戟形或稀心形，通常具浅或深齿，稀全缘。头状花序在茎枝端排列成顶生复聚伞圆锥花序。舌状花 8~10，管部长 4.5 毫米；舌片黄色，长圆形；管状花多数；花冠黄色，长 7.5 毫米，管部长 3.5 毫米，檐部漏斗状；裂片卵状长圆形，尖，上端有乳头状毛。瘦果圆柱形。

（5）苍耳（*Xanthium sibiricum*）：一年生草本，高20~90厘米。根纺锤状，茎直立，下部圆柱形，上部有纵沟，被灰白色糙伏毛。叶三角状卵形或心形，长4~9厘米，宽5~10厘米，近全缘，顶端尖或钝，基部稍心形或截形，与叶柄连接处成相等的楔形，边缘有不规则的粗锯齿。雄性的头状花序球形，直径4~6毫米，雄花多数，花冠钟形，管部上端有5宽裂片；雌性的头状花序椭圆形，绿色，淡黄绿色或有时带红褐色，在瘦果成熟时变坚硬，外面有疏生的具钩状的刺，刺极细而直。瘦果2个，倒卵形。

（二）分科、分种识别代表植物

1. 根据实验材料，以科为单位，观察木犀科、紫葳科、玄参科、菊科植物的特征。

观察木犀科、紫葳科、玄参科、菊科植物的外观，比较各科在木本或草本、叶形、叶序、花序、果实、种子等方面的特点。

2. 根据实验材料，以种为单位，观察木犀科、紫葳科、玄参科、菊科各代表植物的特征。

重点观察各科代表植物的叶、花与果。可借助放大镜或实体显微镜观察其花部结构以及果实、种子等方面的特点。

五、注意事项

植物的实验材料可根据本地具体情况加以选择，实训内容和顺序也可以根据季节进行增减或调整。

六、实验结果记录

1. 科特征的识别记录。

科名 特征	木犀科	紫葳科	玄参科	菊科
乔、灌、草				
树干、茎				
叶形				
叶序				
叶缘				
枝条				
花				
果				
种子				

2. 代表种特征的识别记录。

特征 种名	乔、灌、草	小枝	叶形	叶缘	花序	果	种子

七、任务评价

识别完后，每个学生进行木犀科、紫葳科、玄参科、菊科四科代表植物特征识别的考核。每写对一个科名、属名、种名分别得1分，写错或有错别字不得分；主要识别特征描述清楚，得3分；特征描述不清楚，根据情况酌情扣分。

序号	考核时间	分值	考核内容				考核方法
			科名（1分）	属名（1分）	种名（1分）	识别特征（3分）	
1	30分钟	6					单人考核
2		6					
3		6					
4		6					
5		6					
6		6					
7		6					
8		6					
9		6					
10		6					
11		6					
12		6					
13		6					
14		6					
15		6					
16		10（职业素养）	具有信息查询、搜集和整理的能力，自主学习的能力，思考、观察及分析问题、解决问题的能力得5分；具有吃苦耐劳的精神，自我管理能力强，团队协作精神和安全意识良好，热爱自然、保护环境得5分。不足之处酌情扣分。				

任务十二　观察识别单子叶植物

一、任务目标

认知单子叶植物的基本特征，学会棕榈科（Palmae）、禾本科（Gramineae）、莎草科（Cyperaceae）、百合科（Liliaceae）、天南星科（Araceae）和兰科（Orchidaceae）代表植物的识别方法，能说出科的特征，具有现场识别本地区常见棕榈科、禾本科、莎草科、百合科、天南星科和兰科植物种类的能力。养成良好的科学、客观、严谨的态度；培养分析能力及团队协作精神，树立爱护植物、保护环境的意识。

二、完成形式

以小组为单位，每个同学利用所学的知识在教师的指导下，对所提供的棕榈科、禾本科、莎草科、百合科、天南星科和兰科植物蜡叶标本和鲜叶标本进行识别与观察，或现场识别。

三、备品与材料

1. 仪器设备：实体显微镜每组 2 台。

2. 材料与工具统计表。

序号	名　称	型号或规格	数量
1	放大镜		每组2台
2	枝剪、高枝剪、标本夹		每组各1

（续表）

序号	名　称	型号或规格	数量
3	棕榈科（Palmae）： 蒲葵（*Livistona chinensis*）、 棕榈（*Trachycarpus fortunei*）、 棕竹（*Rhapis humilis*）、 海枣（*Phoenix dactylifera*）、 鱼尾葵（*Caryota ochlandra*）等； 禾本科（Gramineae）： 毛竹（*Phyllostachys heterocycla*）、 画眉草（*Eragrostis pilosa*）、水稻（*Oryza sativa*）等； 莎草科（Cyperaceae）： 碎米莎草（*Cyperus iria*）等； 百合科（Liliaceae）： 百合（*Lilium brownii*var.viridulum）、 天门冬（*Asparagus cochinchinensis*）、 芦荟（*Aloe vera*）吊兰（*Chlorophytum comosum*）、 萱草（*Hemerocallis fulva*）； 天南星科（Araceae）： 海芋（*Alocasia macrorrhiza*）、 一把伞天南星（*Arisaema erubescens*）、 魔芋（*Amorphophallus konjac*）、 半夏（*Pinellia ternata*）等； 兰科（Orchidaceae）： 春兰（Cymbidium goeringii）、 石斛（Dendrobium nobile）、天麻（Gastrodia elata）、 蕙兰（Cymbidium faber）等。	蜡叶标本或鲜叶标本	每组1套
4	植物检索表、参考书籍		每组1套

四、任务实施

（一）知识准备

1.棕榈科（Palmae）重要识别特征：常绿乔木、灌木，有时为藤本。茎干不分枝，单生或丛生。叶大，集中在树干顶部，多为掌状分裂或羽状复叶的大叶，叶柄基部常扩大成纤维质的叶鞘，脱落后树干常具宿存叶基或环状叶痕。花小，通常为淡黄绿色，辐射对称。圆锥状肉穗花序，生于叶丛中或叶丛下，外具1至多片佛焰苞。花被6，雄蕊6枚，子房上位。浆果、核果或坚果。

（1）蒲葵（*Livistona chinensis*）：树高达 20 米，胸径 30 厘米。叶掌状深裂至中部，裂片先端下垂，叶柄长达 2 米，两侧下部有刺。肉穗花序长可达 1 米。核果椭圆形，长 1.8~2 厘米，熟时蓝黑色。

（2）棕榈（*Trachycarpus fortunei*）：树高达 15 米，胸径 15 厘米。叶片径 0.5~0.8 米，裂片条形，坚硬，叶柄长 0.5~1 米。花小，黄绿色。果肾形。

（3）棕竹（*Rhapis humilis*）：树高达 2~3 米。茎节间略长。叶片径 30~50 厘米，掌状 4~10 裂，叶柄长 8~20 厘米。花序长达 30 厘米，多分枝，佛焰苞有毛，果近球形，径 8~10 毫米。种子球形。

（4）海枣（*Phoenix dactylifera*）：树高达 20 米。茎单生，基部萌蘖丛生。叶长达 6 米，羽状全裂，裂片 2~3 聚生，条状披针形，在叶轴两侧常呈 V 字形上翘，基部裂片退化成坚硬锐刺。佛焰苞鞘状，花序轴扁平，小穗短而密集。果序长达 2 米，直立。果长圆形，熟时深橙红色，果肉厚，味极甜。种子长圆形。

（5）鱼尾葵（*Caryota ochlandra*）：树高达 20 米。茎干单生，绿色，有绒毛。叶 2 回羽状全裂，长 3~4 米，裂片厚而硬，菱形似鱼尾，长 15~30 厘米。花序长达 3 米。果球形，熟时红色。

2. 禾本科（Gramineae）重要识别特征：草本，或为木本状。地上茎秆多位圆筒形，节明显，节间中空，稀实心。单叶互生，2 列状，叶可分为叶鞘、叶片、叶舌、叶耳等部分。花常两性，由多数小穗排成各式花序，小穗由颖及 1 朵至多朵小花组成，小花由外稃、内稃、浆片、雄蕊及雌蕊组成。浆片 2~3 片，雄蕊 3 枚，子房上位，柱头通常羽毛状。颖果、稀坚果、浆果。

（1）毛竹（*Phyllostachys heterocycla*）：单轴散生型常绿乔木状竹类植物，竿高达 20 米，粗达 20 厘米，老竿无毛，并由绿色渐变为绿黄色；壁厚约 1 厘米；竿环不明显，末级小枝 2~4 叶；叶耳不明显，叶舌隆起；叶片较小较薄，披针形，下表面在沿中脉基部柔毛，花枝穗状，无叶耳，小穗仅有 1 朵小花；花丝长 4 厘米，柱头羽毛状。颖果长椭圆形，顶端有宿存的花柱基部。

（2）画眉草（*Eragrostis pilosa*）：一年生。秆丛生，直立或基部膝曲，高 15~60 厘米，径 1.5~2.5 毫米，通常具 4 节，光滑。叶鞘松裹茎，鞘缘近膜质，鞘口有长柔毛；叶舌为一圈纤毛，长约 0.5 毫米；叶片线形扁平或卷缩，长 6~20 厘米，宽 2~3 毫米，无毛。圆锥花序长 10~25 厘米，宽 2~10 厘米，分枝单生，簇生或轮生，多直立向上，腋间有长柔毛，小穗具柄，含 4~14 朵小花；颖为膜质，披针形，先端渐尖。第一外稃长约 1.8 毫米，广卵形，先端尖，具 3 脉；内稃长约 1.5 毫米，稍作弓形弯曲，脊上有纤毛；雄蕊 3 枚。颖果长圆形。

（3）水稻（*Oryza sativa*）：一年生水生草本。秆直立，高 0.5~1.5 米。叶鞘松弛，无毛；叶舌披针形，长 10~25 毫米，两侧基部下延长成叶鞘边缘，具 2 枚镰形抱茎的叶耳；叶片线状披针形，长 40 厘米左右，宽约 1 厘米，无毛，粗糙。圆锥花序大型疏展，长约 30 厘米，分枝多，棱粗糙，成熟期向下弯垂；小穗含 1 成熟花，两侧甚压扁，长圆状卵形至椭圆形，长约 10 毫米，宽 2~4 毫米；颖极小，仅在小穗柄先端留下半月形的痕迹，退化外稃 2 枚，锥刺状，长 2~4 毫米；两侧孕性花外稃质厚，具 5 脉，中脉成脊，表面有方格状小乳状突起，厚纸质，遍布细毛端毛较密，有芒或无芒；内稃与外稃同质，具 3 脉，先端尖而无喙；雄蕊 6 枚。果为颖果。

3. 莎草科（Gramineae）重要识别特征：多年生或 1 年生草本，茎实心，常三棱形，无节，花序以下不分枝。叶常 3 列，长条形，叶鞘闭合。花小，排列成小穗，再组成各式花序，每朵小花通常具1苞片，花被完全退化或为鳞片状，刚毛状。雄蕊3枚，子房上位，柱头2~3裂。果为瘦果或坚果。

（1）碎米莎草（*Cyperus iria*）：一年生草本，无根状茎，具须根。秆丛生，高8~85厘米，扁三棱形，基部具少数叶，叶鞘红棕色或棕紫色。叶状苞片3~5枚，具4~9个辐射枝，每个辐射枝具5~10个穗状花序，小穗排列松散，斜展开，长圆形、披针形或线状披针形，压扁，具6~22个花序。鳞片排列疏松，膜质，宽倒卵形，顶端微缺，具极短的短尖，背面具龙骨状突起，两侧呈黄色或麦秆黄色，上端具白色透明的边；雄蕊3枚，花柱短，柱头3枚。小坚果倒卵形或椭圆形，三棱形，与鳞片等长，褐色，具密的微突起细点。

4. 百合科（Liliaceae）重要识别特征：多年生草本，稀木本。通常具鳞根状茎或块茎。叶基生或互生。花两性，稀单性，辐射对称。花被花瓣状，通常6片，2轮，雄蕊与花被同数。子房上位，通常3室。蒴果或浆果。

（1）百合（*Lilium browniivar.viridulum*）：多年生草本，株高70~150厘米。鳞茎球形，淡白色，先端常开放如莲座状，由多数肉质肥厚、卵匙形的鳞片聚合而成。根分为肉质根和纤维状根两类。有鳞茎和地上茎之分。茎直立，圆柱形，常有紫色斑点，无毛，绿色。花大、多白色、漏斗形，单生于茎顶。蒴果长卵圆形，具钝棱。

（2）天门冬（*Asparagus cochinchinensis*）：攀缘植物。根在中部或近末端成纺锤状膨大，膨大部分长3~5厘米，粗1~2厘米。茎平滑，常弯曲或扭曲，长可达1~2米，分枝具棱或狭翅。叶状枝通常每3枚成簇，茎上的鳞片状叶基部延伸为长2.5~3.5毫米的硬刺。花通常每2朵腋生，淡绿色；雌花大小和雄花相似。浆果直径6~7毫米，熟时红色。

（3）芦荟（*Aloe vera*）：常绿、多肉质的草本植物。茎较短。

叶近簇生或稍二列（幼小植株），肥厚多汁，条状披针形，粉绿色，长 15~35 厘米，基部宽 4~5 厘米，顶端有几个小齿，边缘疏生刺状小齿。花葶高 60~90 厘米；总状花序具几十朵花；苞片近披针形，先端锐尖；花点垂，稀疏排列，淡黄色而有红斑；花被长约 2.5 厘米，裂片先端稍外弯；雄蕊与花被近等长或略长，花柱明显伸出花被外。

（4）吊兰（*Chlorophytum comosum*）：常绿草本，根状茎平生或斜生，有多数肥厚的根。叶丛生，线形，叶细长，似兰花。有时中间有绿色或黄色条纹。花茎从叶丛中抽出，长成匍匐茎在顶端抽叶成簇，花白色，常 2~4 朵簇生，排成疏散的总状花序或圆锥花序偶然内部会出现紫色花瓣；蒴果三棱状扁球形。

（5）萱草（*Hemerocallis fulva*）：多年生草本，根状茎粗短，具肉质纤维根，多数膨大呈窄长纺锤形。叶基生成丛，条状披针形，长 30~60 厘米，宽约 2.5 厘米，背面被白粉。夏季开橘黄色大花，花葶长于叶，高达 1 米以上；圆锥花序顶生，有花 6~12 朵；花长 7~12 厘米，花被基部粗短漏斗状，花被 6 片，开展，向外反卷，外轮 3 片，宽 1~2 厘米，内轮 3 片宽达 2.5 厘米，边缘稍作波状；雄蕊 6 枚，花丝长。

5. 天南星科（Araceae）重要识别特征：草本，稀为附生藤本或攀缘灌木状植物，具块茎或根状茎。多有乳状汁液。叶基生或互生，基部有的具鞘。花小，两性或单性，排成肉穗花序，整齐，子房下位。果为浆果状。

（1）海芋（*Alocasia macrorrhiza*）：大型常绿草本植物，具匍匐根茎，有直立的地上茎。叶多数，叶柄绿色或污紫色，螺状排列，粗厚，长可达 1.5 米，基部连鞘宽 5~10 厘米，展开；叶片亚革质，草绿色，箭状卵形，边缘波状，长 50~90 厘米，宽 40~90 厘米，有的长宽都在 1 米以上。佛焰苞绿色。肉穗花序芳香，白色。浆果红色，卵状。

（2）一把伞天南星（*Arisaema erubescens*）：多年生草本。块茎略呈球形，直径可达 6 厘米。叶 1 枚，小叶 7~23 枚，呈辐射状排列，形如一把伞，顶端细丝状，叶柄长，长 40~80 厘米。5~7 月开花，雌雄异株，花序的佛焰苞为绿色或淡紫色，有白色条纹，肉穗花序的附属器棒状，顶端钝。浆果多数，成熟时为鲜红色。

（3）魔芋（*Amorphophallus konjac*）：地下块茎为扁球形，个大，叶柄粗壮，圆柱形，淡绿色，有暗紫色斑，掌状复叶。株高约 40~70cm，地下有球茎，一株只长一叶，羽状复叶，叶柄粗长似茎，开花紫红色，有异臭味，地下球茎圆形。

（4）半夏（*Pinellia ternata*）：块茎圆球形，具须根。叶 2~5 枚，有时 1 枚。叶柄长 15~20 厘米，基部具鞘。幼苗叶片单叶，卵状心形至戟形，全缘，长 2~3 厘米，宽 2~2.5 厘米；老株叶片 3 全裂，裂片绿色，长圆状椭圆形或披针形。佛焰苞绿色或绿白色。肉穗花序。浆果卵圆形，黄绿色。

6. 兰科（Orchidaceae）重要识别特征：陆生、附生或腐生的多年生草本，稀为藤本状，常具根状茎、块茎或假鳞茎。叶通常互生，2 列或螺旋状排列，或生于假鳞茎顶端，基部有的具鞘和关节。花两性，两侧对称，子房常作 180 度扭转而使唇瓣位于下方。花被片 6 片，排列成 2 轮，外轮 3 片成萼片，内轮侧生的 2 片称花瓣，中央的 1 片特化而称唇瓣。雄蕊和花柱、柱头合生而形成合蕊柱。子房下位。果多为蒴果，种子微小，粉末状。

（1）春兰（*Cymbidium goeringii*）：地生植物；假鳞茎较小，卵球形，包藏于叶基之内。叶 4~7 枚，带形，通常较短小，长 20~40（~60）厘米，宽 5~9 毫米，下部常多少对折而呈 V 形，边缘无齿或具细齿。花葶从假鳞茎基部外侧叶腋中抽出，直立；花序具单朵花，少有 2 朵；花色泽变化较大，通常为绿色或淡褐黄色而有紫褐色脉纹，有香气；花瓣倒卵状椭圆形至长圆状卵形；

唇瓣近卵形，不明显 3 裂；蒴果狭椭圆形。

（2）石斛（*Dendrobium nobile*）：茎直立，肉质状肥厚，稍扁的圆柱形，长 10~60 厘米，粗达 1.3 厘米，上部多少回折状弯曲，基部明显收狭，不分枝，具多节，节有时稍肿大；节间多少呈倒圆锥形，干后金黄色。叶革质，长圆形，先端钝并且不等侧 2 裂，基部具抱茎的鞘。总状花序，花大，白色带淡紫色先端，唇瓣宽卵形，长 2.5~3.5 厘米，宽 2.2~3.2 厘米，先端钝，基部两侧具紫红色条纹并且收狭为短爪。

（3）天麻（*Gastrodia elata*）：多年生草本植物。根状茎肥厚，无绿叶，蒴果倒卵状椭圆形，常以块茎或种子繁殖。

（4）蕙兰（*Cymbidium faberi*）：草本。假鳞茎不明显，集生成丛，呈椭圆形。叶带形，直立性强，叶脉透亮，边缘常有粗锯齿。花常为浅黄绿色，唇瓣有紫红色斑，一茎多花。蒴果近狭椭圆形。

（二）分科、分种识别代表植物的特征

1. 根据实验材料，以科为单位，观察单子叶植物棕榈科、禾本科、莎草科、百合科、天南星科和兰科等植物的特征。

观察棕榈科、禾本科、莎草科、百合科、天南星科和兰科植物的外观，比较各科在木本或草本、叶形、花序、果实、种子等方面的特点。

2. 根据实验材料，以种为单位，观察棕榈科、禾本科、莎草科、百合科、天南星科和兰科各代表植物的特征。

重点观察各科代表植物的叶、花与果。可借助放大镜或实体显微镜观察其花部结构以及果实、种子等方面的特点。

五、注意事项

植物的实验材料可根据本地具体情况加以选择，实训内容和顺序也可以根据季节进行增减或调整。

六、实验结果记录

1. 科特征的识别记录。

科名 特征	棕榈科	禾本科	莎草科	百合科	天南星科	兰科
木本或草本						
茎						
叶						
花						
果						
种子						

2. 代表种特征的识别记录。

特征 种名	木本或草本	茎	叶	花序	果	种子

七、任务评价

识别完后，每个学生进行棕榈科、禾本科、莎草科、百合科、天南星科和兰科六科代表植物特征识别的考核。每写对一个科名、属名、种名分别得 1 分，写错或有错别字不得分；主要识别特征描述清楚，得 3 分；特征描述不清楚，根据情况酌情扣分。

<table>
<tr><th rowspan="2">序号</th><th rowspan="2">考核时间</th><th rowspan="2">分值</th><th colspan="4">考核内容</th><th rowspan="2">考核方法</th></tr>
<tr><th>科名（1分）</th><th>属名（1分）</th><th>种名（1分）</th><th>识别特征（3分）</th></tr>
<tr><td>1</td><td rowspan="16">30分钟</td><td>6</td><td></td><td></td><td></td><td></td><td rowspan="16">单人考核</td></tr>
<tr><td>2</td><td>6</td><td></td><td></td><td></td><td></td></tr>
<tr><td>3</td><td>6</td><td></td><td></td><td></td><td></td></tr>
<tr><td>4</td><td>6</td><td></td><td></td><td></td><td></td></tr>
<tr><td>5</td><td>6</td><td></td><td></td><td></td><td></td></tr>
<tr><td>6</td><td>6</td><td></td><td></td><td></td><td></td></tr>
<tr><td>7</td><td>6</td><td></td><td></td><td></td><td></td></tr>
<tr><td>8</td><td>6</td><td></td><td></td><td></td><td></td></tr>
<tr><td>9</td><td>6</td><td></td><td></td><td></td><td></td></tr>
<tr><td>10</td><td>6</td><td></td><td></td><td></td><td></td></tr>
<tr><td>11</td><td>6</td><td></td><td></td><td></td><td></td></tr>
<tr><td>12</td><td>6</td><td></td><td></td><td></td><td></td></tr>
<tr><td>13</td><td>6</td><td></td><td></td><td></td><td></td></tr>
<tr><td>14</td><td>6</td><td></td><td></td><td></td><td></td></tr>
<tr><td>15</td><td>6</td><td></td><td></td><td></td><td></td></tr>
<tr><td>16</td><td>10（职业素养）</td><td colspan="4">具有信息查询、搜集和整理的能力，自主学习的能力，思考、观察及分析问题、解决问题的能力得5分；具有吃苦耐劳的精神，自我管理能力强，团队协作精神和安全意识良好，热爱自然、保护环境得5分。不足之处酌情扣分。</td></tr>
</table>

参考文献

[1] 何国生主编：《森林植物》，中国林业出版社 2014 年版。

[2] 云南省林业厅、云南省林业科学院编：《云南省国家重点保护野生植物》，云南科技出版社 2005 年版。

[3] 曹惠娟主编：《植物学》，中国林业出版社 1996 年版。

[4] 贺学礼：《植物学》，陕西科学技术出版社 2001 年版。

[5] 沈建忠主编：《植物与植物生理》，中国农业大学出版社 2009 年版。

[6] 植物生理学编写组：《植物生理学》，中国林业出版社 1999 年版。

[7] 王沙生、高荣孚等：《植物生理学》，中国林业出版社 1991 年版。

[8] 陈忠辉：《植物与植物生理》，中国农业出版社 2001 年版。

[9] 北京林学院：《植物生理学》，中国林业出版社 1981 年版。

[10] 王忠：《植物生理学》，中国农业出版社 2000 年版。

[11] 祁承经、汤庚国：《树木学（南方本）》，中国林业出版社 2010 年版。

[12] 邓莉兰：《常见树木（南方本）》，中国林业出版社 2007 年版。

[13] 中国科学院植物研究所：《中国高等植物图鉴（第1~5

册）》，科学出版社1973年版。

[14] 中国科学院植物研究所：《中国高等植物图鉴》（补编第 1~2 册），科学出版社 1980 年版。

[15] 中国科学院植物研究所：《中国高等植物科属检索表》，科学出版社 1978 年版。

[16] 中国树木志编委会：《中国树木志》（第一、二、三卷），中国林业出版社 1981 年版。

[17] 中国科学院种植物志编辑委员会：《中国植物志》（共 80 卷），科学出版社 1959 年版。

[18] 傅立国、陈潭清等：《中国高等植物》（共 13 卷），青岛出版社 1999 年版。

[19] 祁承经、汤庚国：《树木学》（南方本），中国林业出版社 2010 年版。

[20] 陶仕珍：《云南常见木本植物识别》，云南科技出版社 2012 年版。